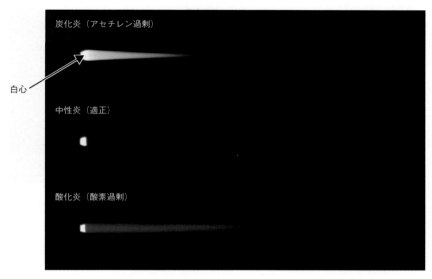

炭化炎（アセチレン過剰）

白心

中性炎（適正）

酸化炎（酸素過剰）

口絵 1　アセチレンと酸素での混合状況による火炎の違い [1]

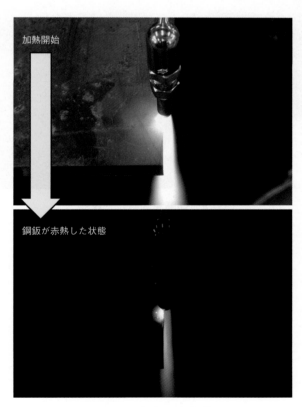

加熱開始

鋼鈑が赤熱した状態

口絵 2　鋼板の加熱 [1]

口絵 3　切断酸素バルブ開、予熱炎再調節 [1]

口絵 4　切断を開始した状態 [1]

ガス溶接
作業主任者テキスト

中央労働災害防止協会

序

　ガス溶接・溶断等、ガス炎を用いて金属を加工、処理する技術は、さまざまな産業の発達とともに大きく発展し、造船所、機械器具製造工場、建設現場等において幅広く活用されています。

　他方、ガス溶接・溶断作業は、アセチレンガス、LP ガス等の可燃性ガスを取り扱うこと等から、思いがけない爆発・火災や中毒等の災害が発生するおそれがあり、実際にしばしば発生しています。

　このような災害を防止するためには、ガス溶接・溶断に用いる各種設備の点検整備、適正な作業管理の実施、適切な安全衛生教育の実施等を図ることが必要であり、これらの徹底により、災害は防ぐことができるものです。

　このため、労働安全衛生法令においては、アセチレン溶接装置およびガス集合溶接装置の構造要件、定期自主検査およびガス溶接作業主任者の資格、職務、安全衛生教育の実施、作業を行う際に講ずべき措置等の種々の規制が行われています。

　本書は、機械設備や作業態様の現状等を踏まえ、ガス溶接作業主任者として知っておかなければならない知識を網羅しており、ガス溶接作業主任者免許試験の受験者にとって適切な参考書になるとともに、ガス溶接・溶断作業に従事する人にとっても有用な書となります。

　この度、最近の労働安全衛生法および関係政省令の改正等を踏まえて改訂いたしました。ご協力いただきました編集委員の方々に、改めて感謝申し上げる次第です。

　本書がガス溶接作業主任者をはじめ関係者に広く活用され、ガス溶接・溶断作業の災害防止にお役に立つことができれば幸いです。

　令和2年3月

中央労働災害防止協会

『ガス溶接作業主任者テキスト』改訂編集委員

(敬称略・50音順)

石井　順　　　株式会社 IHI 技術開発本部 技術基盤センター
　　　　　　　溶接グループ 主任研究員

福島　伸明　　日酸 TANAKA 株式会社 開発部 部長代理

藤川　悟　　　ヤマト産業株式会社 常務取締役

八島　正明　　独立行政法人労働者健康安全機構 労働安全衛生総合研究所
　　　　　　　化学安全研究グループ 統括研究員・部長代理

目　　次

本テキストで使用する用語等は原則として法令、日本産業規格等によっていますが、理解の便宜上、一部、現場等で日常的に使用されている用語等で記載しています。（例：「溶断」⇒「切断」）

表紙デザイン　ア・ロゥ デザイン

第1章　ガス溶接作業主任者の役割

○ガス溶接・溶断作業のこれまでの発展と現状を知る。
○ガス溶接作業主任者の役割について学ぶ。

1.1　溶接作業の現状

　ガス溶接・溶断など、ガス炎を用いて金属を加工、処理する技術はいずれも 20 世紀の初頭に開発されたが、その後、多くの改良や改善が進み、各種産業の発達とともに大きく発展してきた。

　とくにガス溶接は、1940 年代の頃までは、金属接合の分野できわめて重要な役割を果たしてきた。

　しかし、1950 年代になると、エネルギー効率が高く、自動化に適した各種の電気溶接法が飛躍的に発達したことにより、生産ラインの自動化が進むなかで、ガス溶接が電気溶接に変換されていき、ガス溶接の果たす役割は縮小し、切断の役割を増やすことになる。

　ガス切断は、鉄鋼分野における最も有効な切断手段としてガウジング、スカーフィングなどの応用技術および自動化、機械化の発達とともにその用途および使用量が増大してきたが、1970 年代以降、酸素プラズマ切断法が鉄鋼の切断に用いられるようになり、板厚 30mm 程度以下の自動切断はプラズマ切断法に移行していった。さらにレーザ切断法の出現で、切断効率は飛躍的に向上した。

　このような技術的背景と 1950 年代以降の各種のエネルギー供給源の変遷に伴い、ガス溶接等の作業に用いる燃料ガスの種類、供給方式にも大きな変革がもたらされている。当初、ガス溶接等の燃料ガスとしては、もっぱらアセチレンが用いられた。これは酸素アセチレン炎が、作業に最も適していることと、その入手、取扱いが容易で、当時としては経済的にも他のガスに比べて安価であったためである。しかし、LP ガスや天然ガスなど、安全でより安価なガスが安定的に供給されるようになり、燃料ガスとして使われるようになった。最近では、水素を混合したガスも使われようとしている。

　ガス溶接には、炎の化学的性質のため現在でもアセチレンが用いられるが、その供給方式は大きく変化した。当初、ガス溶接に使われるアセチレンは、作業現場でアセチレン発生器を用い、カーバイドと水を反応させて発生させる方式のガスがほとんどであった。このアセチレン発生器は、構造上から操作および取扱いが容易でなく、安全性・作業性かつカーバイドかすの処理など環境衛生的な問題もあった。また、発生器には低圧式と中圧式とがあるが、実際に使用されていたものはほとんどが低圧式発生器であった。現在ではほとんど溶解アセチレンに切り換えられており、使用圧力も中圧（0.007～0.13MPa）となっている。

　安全面においても、ガス炎の使用方法が法令で規制され、さらに安全器においても乾式安全器の規格が盛り込まれるなど、法制面でも改正が図られてきた。

　さらに、大きな変化として挙げられることは、需要量の増加に伴う供給方式の変化である。現場作業その他で消費の少ない場合には、作業者各々が酸素と燃料ガスの容器を作業現場へ運搬し、使用することで十分である。しかし、造船業など多量のガスを消費する工場では、多数のガス容器を一箇所に集結し、集中的に管理し、配管を通じて各作業場所に供給するガス集合装置による方式が合理的である。

　この方式は、点検、管理が確実に行われていればきわめて能率的、経済的であり、かつ安全性の高いものであるが、反面、適切な点検、管理を怠るときわめて重大な災害が発生することを考慮しなければならない。

　近年は、使用機器も手持ち式の機器から自動機器まで多様化し、制御方法も数値制御からロボット、コンピュータ制御等が活発に用いられてきており、ガス炎の調節に関しても自動化が行われているなど著しい技術レベルの向上がみられる。このため、機器の使用方法等に関する作業者への教育、安全に関する技量・認識をさらに向上させる取組みが必要である。

1.2　ガス溶接作業主任者の役割

　アセチレンや LP ガスなどの燃料ガスおよび酸素を用いて行う金属の溶接、溶断（切断）または加熱の作業を「ガス溶接・溶断作業」といい、ガス溶接作業主任者は、アセチレン溶接装置とガス集合溶接装置等の使用について、直接管理責任を負う。

　ガス溶接・溶断作業には、本質的な危険性が存在するほか、作業方法や条件により、ときには爆発、火災、破裂、火傷、中毒などの事故や災害が発生し、作業者に傷害を与えたり、工場の建物や設備、または地域社会に大きな損害を与えたりすることも少なくない。したがって、事業者は、ガス溶接・溶断作業の安全確保のために十分な対策をとらなければならない。

　労働安全衛生法では、ガス溶接・溶断作業に伴う災害を防止するために事業者責任を定めており、事業者は、ガス溶接作業主任者免許を受けた者をガス溶接作業主任者として選任し、その者にガス溶接・溶断作業に係る作業者の指揮と災害防止に必要な事項を行わせることとしている。また作業主任者を 2 人以上選任したときは、それぞれの作業主任者の職務の分担を定めることになっている。このことは、企業における安全衛生管理体制の一環としてのガス溶接作業主任者の位置付けとその法的責任を明確に示したものである。

　ガス溶接作業主任者の職務は、アセチレン溶接装置を使用する場合においては労働安全衛生規則第 315 条に、ガス集合溶接装置を使用する場合においては同規則第 316 条に定められている。ガス溶接作業主任者は、職場の職長または監督者の立場から、ガス溶接・溶断作業の作業計画の実施の面で、以下の事項に留意しながら毎日その役割を果たす必要がある。

①　作業計画は、上司から示される場合と自ら作成する場合がある。

②　計画を実施するための方法を決定し、これを部下である作業者に周知する。作業方法の決定に当たっては、部下の参画を求めたり、関係者との連絡、調整が必要である。

③　計画に基づき作業者に命令、指示を与えるとともに必要な打合せや教育を行い、リスクアセスメントや危険予知の実施により作業者の安全意識を高める。

④　部下に作業の割当をする。このとき作業者の資格など就業制限に留意する。

⑤　作業に必要な器材、設備等の段取りをする。必要があれば、作業場所への立入禁止の措置、危険物もしくは可燃物に対する火気接近防止の防護措置や保護具の準備をする。とくに、消火器の確認を忘れてはならない。

⑥　器材や設備の始業点検を行い、その結果を記録する。また、作業者の点検結果を確認する。とくに圧力調整器、吹管、ホース等からのガス漏れおよび水封式安全器の水位に留意する。必要があれば、作業場所の全体換気もしくは局所排気または作業環境測定を行う。

⑦　作業中、作業者を監督指導するため職場を巡視する。重要な作業については、直接作業指揮をとる。巡視中、不安全状態や不安全行動または異常な事態を発見し、もしくは作業者から報告を受けた場合には、ただちに適切な措置を講じて是正する。

⑧　作業の結果について自ら確認するとともに上司に報告する。計画どおり作業が進行しない場合には、その原因を検討し、必要な措置を講ずる。

このように、毎日のガス溶接・溶断作業を順調に進めるには、ガス溶接作業主任者は、日頃の役割として次の事項を実施しておく必要がある。

①　ガス溶接・溶断作業の種類ごとに作業手順、作業方法および急所（作業標準）を定める。

②　アセチレン溶接装置またはガス集合溶接装置の点検表を整備する。

③　異常時の措置基準として、連絡、報告、確認、処置などの要領を定める。また、事故・災害発生時の措置基準についても決める。

④　前記①〜③について、作業者を教育訓練する。

⑤　前記①〜③について、定期または随時見直しをする。

⑥　ガス容器の取替えに立ち会う。

⑦　アセチレン溶接装置またはガス集合溶接装置の定期自主検査に立ち会う。

より良いガス溶接・溶断作業を進めるとともに災害を防止するために、ガス溶接作業主任者は、その心構えとして、現場の作業者および監督者の立場から自ら研さんに努めて自分が持っている知識や技能を部下の作業者に伝え、また職場の人間関係の向上とチームワークに留意し、良い職場風土を確立することが大切である。これが、ガス溶接作業主任者に課せられた法的責任を果たすための基盤である。

第2章　燃焼と爆発

○燃焼や爆発とはどういうものか、どのようなときに起きるのかを知る。

2.1　燃焼と爆発の形態

2.1.1　燃焼

　燃焼とは、可燃性物質（気体、液体または固体）が空気などと反応し、熱と光を発することをいう。

　燃焼が起きるためにはいわゆる「燃焼の3要素」が必要である。すなわち、

① 可燃性ガス・蒸気

② 空気・酸素などの支燃性ガス

③ 着火源

の3つが同時に存在しなければならない（**図1**）。多くの可燃性物質の着火は気体や蒸気の状態で行われるので、①は可燃性の「ガス・蒸気」とされている。

　燃焼の3要素を別の視点でみると、空間中で一定の可燃性ガスと支燃性ガスの分子が混じった濃度範囲において、着火源となる一定値以上のエネルギーが一定時間加わるこ

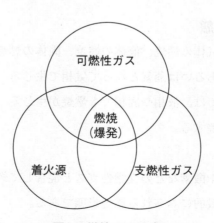

図1　燃焼の3要素

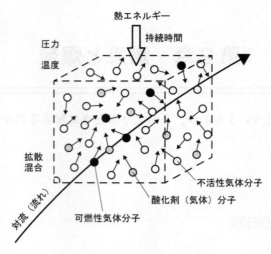

図2　着火のイメージ

とで着火が起き、燃焼する（**図2**）。燃焼で発生した熱の未燃焼混合ガスへのフィード
バックがなければ、燃焼は継続しない。燃焼は熱的な説明のほかに、混合ガスを構成す
る化学種[注*]のうち、活性なもの（活性基、ラジカル）の連鎖反応でも説明される。
燃焼が継続するためには十分な活性基が生じ、連鎖反応が継続する必要がある。

　逆に、消火のためには、以下の「消火の4要素」が挙げられる。

① 可燃性物質の除去や可燃性ガスの遮断

② 支燃性ガスの遮断・濃度低減

③ 熱の除去・冷却

④ 連鎖反応の遮断

（注*）化学物質を構成する原子、分子、燃焼過程での中間生成物、イオンなどの総称。

2.1.2　燃焼と火炎の形態

　可燃性物質の燃焼は、気体の燃焼、液体の燃焼、固体の燃焼に分類できる。可燃性物
質の多くの燃焼は、気体あるいは蒸気となって気相で生じる。火薬や爆薬など酸素をそ
れ自体に含む物質の燃焼では、液相や固相でも燃焼が生じる。すなわち、火薬や爆薬は
水中でも宇宙空間でも燃焼する。

　① 気体の燃焼

　　可燃性ガスが空気や酸素などの支燃性ガスと混合して燃焼する。ガス溶接等で使
　われる燃料ガスで一般的にみられる燃焼形態である。

　　また、可燃性ガスと支燃性ガスの混合に関して燃焼を区別すると、「予混合燃焼」

と「非予混合燃焼」（拡散燃焼など）があり、後述する。**写真1**にそれらの燃焼におけるメタン─空気火炎の様子を示す。

② 液体の燃焼

　液体の状態で燃えることはなく、蒸発して可燃性の気体あるいは蒸気となって燃焼する（**写真2**）。液体が蒸発したものを「蒸気」といい、気体の性質に近く、スプレーの噴霧で生じたような霧状のものは液体、場合によっては微粉に近い性質を有する。液体の場合は沸点や引火点に代表されるように、燃焼は気化のしやすさに依存し、常温でもガソリンやメタノールなどはそのままでも気化して燃えやすい

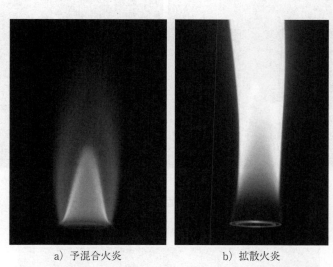

a）予混合火炎　　　　　　b）拡散火炎

写真1　ブンゼンバーナー上に形成される予混合火炎と拡散火炎

写真2　エタノールの燃焼の様子

が、灯油、軽油ほか重質の油などは気化しにくく燃えにくい。しかし、灯心を使ったり、霧状にしたりすると燃焼しやすくなる。

③　固体の燃焼

　　固体が溶融して液体となり、さらに蒸発（気化）して気体になるか、昇華・熱分解などで直接、気体になって燃焼する（**写真3**）。ろうそくでは、火炎の熱で溶融

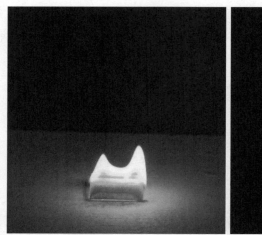

a）アクリル樹脂　　　　　　　　　　b）マグネシウムリボン

写真3　可燃性の固体片の燃焼の様子

熱

固体→液体→蒸気

写真4　ろうそくの炎

した液体が灯心を伝って先端で気化し、燃焼する（**写真4**）。炭素や鉄など気化しないものでは、固体の表面で燃焼が生じる。これを「表面燃焼」という。表面燃焼では火炎を形成しない。炭やコークスなどの燃焼もこの類に入るが、赤熱された炭素が一酸化炭素（CO）となった場合は、火炎が形成される。

　アセチレン、LPガスなどの可燃性ガスが空気や酸素と混合した状態で、着火に必要なエネルギーが与えられると燃焼反応が生じ、発生した熱は周辺に伝わって放散する。火炎面に一定速度の可燃性ガスと支燃性ガスが供給され続けると、燃焼が継続する。発熱と放熱のバランスが保たれた状態で安定的に燃焼することを「定常燃焼」という。

　「予混合燃焼」とは、可燃性ガスと支燃性ガスが予め燃焼しうる濃度で混合し、予混合火炎を形成して燃焼するものをいい、「非予混合燃焼」とは、それらのガスが予め混合せずに拡散火炎を形成して燃焼するものをいう。予混合火炎と拡散火炎では異なる性質があり、予混合火炎のほうは燃焼範囲の混合気濃度中を自己伝ぱする性質があるが、拡散火炎にはその性質がない。予混合火炎の代表的な燃焼特性は燃焼速度で示され、詳しくは2.1.4（25頁）で述べる。

　例えば、ガス溶接等の作業のはじめ、吹管のアセチレンの燃料バルブをわずかに開いて点火すると、すすを伴った黄〜赤色の火炎が火口先端に形成される。これはろうそくやガスライターの火炎と同じ形態で、アセチレンと周囲の空気とが拡散しながら混合して燃えるもので、拡散火炎である。

　この状態で予熱酸素バルブを開いていくと青色の火炎に変化する。この火炎は、吹管内で両方のガスが混合して火口先端に形成されているもので、予混合火炎である。

　燃焼に伴う発光には、「化学発光」と「熱発光」があり、前者は原子や分子の状態によるもので、後者は熱ふく射によるものである。アセチレン、メタンやプロパンなど炭化水素（CとHでできた化合物）からなる燃料での火炎の化学発光では青色から緑色を示す。肉眼では見えないが、紫外領域の発光成分も含んでいる。すす、炭素が生成する場合は、熱ふく射により明るい黄色を示す。

　水素は炭素成分を含まないため、その燃焼による発光は紫外領域にあり、火炎は見えない。ただし、熱気や空気のゆらぎが感じられる。また、燃焼生成物として水蒸気のみが生じる。肉眼では見えにくいが、ビデオカメラなど電子機器を通して観察すると、受光素子の性能によっては、火炎を捉えることができる。火災検知や火炎の有無を目視で判断しやすくするため、微量の炭化水素燃料を加える場合もある。

2.1.3　可燃性ガスの燃焼条件

(1)　爆発限界（燃焼限界、可燃限界）

　可燃性ガスは、空気または酸素中で、限られた範囲内の濃度にあるときのみ、着火源によって火炎が形成され、火炎が伝ぱする。例えば、メタン―空気の火炎が伝ぱするのは、空気との混合ガス中のメタン濃度が5.0vol％以上、15vol％以下の範囲である。この濃度範囲を「爆発範囲」、その濃度限界を「爆発限界」という。

　また、可燃性ガスの希薄側の限界を「爆発下限界」、過剰側の限界を「爆発上限界」といい、両限界の間の組成域が「爆発範囲」となる。爆発範囲は、一般に爆発性雰囲気中の可燃性ガスの容積比（vol％）で示される。

　可燃性ガスが空気と混合した場合よりも、酸素と混合した場合のほうが爆発上限界が広くなり、爆発の危険性が増大する。代表的な可燃性ガスの空気中および酸素中の爆発

表1　可燃性ガスの

ガ　ス　名	分子中の炭素の結合形	0℃、1気圧のガス1㎥の総発熱量 [kJ/㎥]	燃焼理論的酸素量 [O₂ ㎥ / Fuel ㎥]
水　　　　　素	――	12,760	0.5
メ　タ　ン	C	39,830	2.0
アセチレン	C≡C	58,490	2.5
エ　チ　レ　ン	C＝C	62,300	3.0
エ　タ　ン	C－C	70,370	3.5
メチルアセチレン	C－C≡C	86,069	4.0
プロパジエン	C＝C＝C	87,288	4.0
プロピレン	C－C＝C	91,860	4.5
プロパン	C－C－C	98,580	5.0
ビニルアセチレン	C＝C－C≡C		5.0
1・3-ブタジエン	C＝C－C＝C	117,582	5.5
ブ　チ　レ　ン	C＝C－C－C	124,765	6.0
イソブチレン	C＝C<$\begin{smallmatrix}C\\C\end{smallmatrix}$	123,991	6.0
ブ　タ　ン	C－C－C－C	128,100	6.5
イソブタン	C－C<$\begin{smallmatrix}C\\C\end{smallmatrix}$	131,752	6.5

（注）1.　ガスの総発熱量は、ガスの燃焼生成物である水と二酸化炭素が25℃、1気圧になったときの発熱量を示す。

　　　2.　発火温度は、測定方法によってかなり異なるので、これらの値は相対的な一応の目安を示すものである。この表には今までに知られている測定値のなかで最も低い値を記載したので、空気中での値が酸素中での値よりも低い場合がある。

限界等を**表1**に示す。

［混合ガスの爆発限界］

　可燃性ガスが、数種の単独成分の混合物である場合、それを構成している単独成分ガスの爆発限界が分かっていると、ル・シャトリエ（Le Chatelier）の法則で近似的に計算して混合ガスの爆発限界を求めることができる。

$$L = \frac{100}{\dfrac{V_1}{L_1} + \dfrac{V_2}{L_2} + \dfrac{V_3}{L_3} + \cdots}$$

　L ＝混合ガスの爆発限界　［vol%］

　L_1、L_2、$L_3\cdots$ ＝各単独成分の爆発限界　［vol%］

　V_1、V_2、$V_3\cdots$ ＝各成分の混合割合　［vol%］

燃焼に関する性質

発火温度 ［℃］		爆発限界 ［vol%］				最大燃焼速度	理論火炎温度	理論火炎温度
		空気との混合		酸素との混合				
空気中	酸素中	下限界	上限界	下限界	上限界	［cm /s］	［℃、空気中］	［℃、酸素中］
500	450	4.0	75	4	95	320	2,045	2,806
537	555	5.0	15	5.1	61	37	1,952	2,848
305	295	2.5	100	2.3	100	173	2,265	3,069
450	485	2.7	36	2.9	80	69	2,097	2,902
472		3.0	12.5	3.0	66	44	1,971	2,819
		1.7	16			81	2,165	2,975
		2.2	14.8			85	2,188	
485	423	2.1	11.1	2.1	53	56	2,062	2,892
432		2.1	9.5	2.2	57	45	1,995	2,823
		2.0	100	1.7	100			
420	335	2.0	11.5			67	2,141	2,919
385	310	1.6	9.4	1.8	58	50	2,033	2,871
465		1.8	8.8					
365	285	1.6	8.5	1.8	49	44	1,977	2,862
460	319	1.8	8.4	1.8	48	38	1,995	2,824

　3．　爆発限界は、常温、1気圧における測定値を示すが、これらの値は測定方法（とくに着火源の強弱）により多少異なることがある。

　4．　空欄は、データが未だないものである。

計算例：メタン（CH$_4$）80％、エタン（C$_2$H$_6$）15％、プロパン（C$_3$H$_8$）5％

　　　混合ガスの空気中における爆発限界は

$$L = \frac{100}{\frac{80}{5.0} + \frac{15}{3.0} + \frac{5}{2.1}} = 4.3\text{vol\%}（下限界）となり、$$

$$L = \frac{100}{\frac{80}{15} + \frac{15}{12.5} + \frac{5}{9.5}} = 14.2\text{vol\%}（上限界）となる。$$

⑵　着火源（点火源、発火源）

　常温では、爆発性の雰囲気（爆発性混合ガス）が形成されても、着火源を与えなければ発火、爆発することはない。

　着火源としては、**表2**に示すように多くの種類があるが、ガス溶接等の作業では、点火ライター、火の粉（スパッタ）、機器の電気火花（スパーク）、静電気の火花（ス

表2　着火源

外部エネルギーの形	着　火　源　の　種　別
機　　械　　的	打撃、摩擦、断熱圧縮、衝撃波
熱　　　　　的	加熱表面、火炎、高温ガス、熱放射
電　　気　　的	電気火花、アーク、コロナ、静電気
光　　学　　的	赤外線、レーザ
化　　学　　的	自然発熱（分解、酸化、重合）

表3　最小着火エネルギー（1気圧、室温）

可燃性ガス	最小着火エネルギー［mJ］	
	空気との混合ガス	酸素との混合ガス
水　　　素	0.017	0.0012
メ　タ　ン	0.28	0.003
エ　タ　ン	0.25	0.002
プ ロ パ ン	0.25	0.002
n - ブ タ ン	0.25	0.009
アセチレン	0.017	0.0002
エチレン	0.07	0.001

パーク）、衝撃・摩擦による火花や熱、高温の物体、ガスの断熱圧縮による高温などがある。静電気火花については、LP ガスや溶解アセチレンなどが噴出した場合、着火源となった例がある。

　表3の電気火花による最小着火エネルギーの測定結果によれば、可燃性ガスの着火エネルギーはとても小さく、酸素雰囲気中では空気中よりさらに2桁も小さな着火エネルギーとなる。また、ディーゼルエンジン燃料で軽油の着火にみられるように、気体を急速に圧縮すると断熱圧縮熱（**図3**）が生じ、可燃物の着火源となることがある。酸素用圧力調整器が発火する事故がしばしば起こっているが、これは酸素容器の元バルブを開けたときに、高圧酸素によって圧力調整器内の酸素が急速に圧縮されて高温となり、圧力調整器内に混入していた油脂やプラスチックなどの可燃物が発火することによって起こるものである。したがって、高圧ガス容器の元弁は、ゆっくりと開ける習慣を身につけることが大切である。

　図4に、フッ素樹脂（PTFE、「テフロン」など）の各種有機材料の高圧酸素中の発火温度を示す。フッ素樹脂のシールテープやOリングは燃えない印象があるが、高圧酸素中で400℃を超えると燃焼することに注意する。

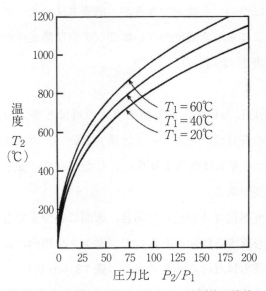

（図中、T_1、P_1 は最初の温度、圧力を、T_2、P_2 は断熱圧縮後の温度、圧力を示す。）

図3　酸素の断熱圧縮による温度の上昇

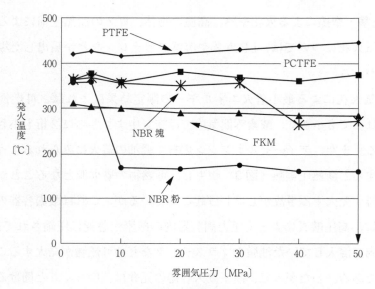

図4　各種有機材料の発火温度

（フッ素樹脂（PTFE、PCTFE）、フッ素ゴム（FKM：フッ化ビニリデンゴム：バイトン）合成ゴム（NBR：アクリロ
ニトリル—ブタジエンゴム）

（出典：土屋茂、中村宏行：平成14年度超臨界流体利用環境負荷低減技術開発成果技術資料、pp.591-626（2003）、土屋
茂：高圧酸素中のバルブ開時の有機材料の発火、安全工学、Vol.46、No.3、pp.144-149（2007））

(3)　発火温度（発火点）

「発火温度」とは、外部から火炎や電気火花などの着火源を与えないで、可燃性物質
を加熱することにより、燃焼または爆発を起こす最低の温度をいう。発火温度は、気
体、液体、固体のいずれについても測定できるが、測定方法によって値が異なる場合が
多い。発火温度は空気中よりも酸素濃度の高い雰囲気または酸素中の方が低くなり、発
火の危険性が増大する（**表1**（20頁））。

(4)　ガスの比重

標準状態（0℃、1気圧）において、同容積のガスの質量と空気の質量との比（すな
わち空気を1とした場合の質量比）をガスの「比重」といい、ガス比重が1未満のガス
は空気より軽く、1を超えるガスは空気より重い。したがって、安全上、使用するガス
の比重を把握しておく必要がある。

比重が1よりも大きい可燃性ガスが漏れた場合、床面にいつまでも滞留し、長時間に
わたって爆発性雰囲気を形成する危険があるので、タンクや槽内のように換気の悪い所
では、このようなガスの使用は避けるべきである（**表13**（46頁））。

ガス比重の推算方法は、その可燃性ガスの分子量と空気の平均分子量（約29）の比
を求めればよい。

例えば、

プロピレン（C_3H_6）は分子量 42 であるから $42 \div 29 =$ ガス比重 1.45

ブタン（C_4H_{10}）は分子量 58 であるから $58 \div 29 =$ ガス比重 2.0

なお、すべてのガスの容積は、一定圧力において、温度が1℃上下するごとに、元の体積の 273 分の1ずつ増減する（シャルルの法則）。つまり、温度によりガスの体積（比重）は変化するので、同一のガスでも室温のときと比較して、冷却されたときは重く、加熱されたときは軽くなる（例えば熱気球）。したがって、空気よりわずかに軽いガスであっても、冷却されていると、常温の空気より重くなることがあるので注意を要する。

　直射日光に当たって温められた高圧ガス容器内の圧力上昇も、このようなガスの加熱膨張によるものである。そこで高圧ガス容器は、直射日光を避け風通しのよい場所に置き、常時 40℃以下に保持しなければならない。

2.1.4　燃焼速度と火炎伝ぱ速度

　長い管内に可燃性の混合ガスを満たし、一端で点火すると、管内を火炎が伝ぱする現象がみられる。この火炎面の移動速度を「火炎伝ぱ速度」という。多くの炭化水素―空気の混合ガスでは、この速度は数 m/s から数 10m/s とかなり大きい。

　火炎伝ぱ速度は、火炎前面の未燃焼ガスが燃焼ガスの膨張によって前方へ動いているため、静止観察者から見た見かけの伝ぱ速度である。これに対して、実質の火炎の伝ぱ速度としては、移動している未燃焼ガスに対する火炎面の相対的な速度を考え、これを「燃焼速度」と名づけ、火炎伝ぱ速度と区別する。

　燃焼速度は単位面積の火炎面が単位時間に消費する未燃焼混合ガスの体積と定義することもできる。一般に燃焼速度は、規格試験の装置などで実験的に求められたり、理論的な熱化学計算で求められたりする。

　火炎伝ぱ速度は、ガスの流動や爆発空間の形状などの影響を受けるのに対して、燃焼速度は燃料の種類、混合ガスの組成、温度、圧力に対応した固有の値を示し、可燃性ガスの燃焼特性を示す重要な指標となる。燃焼速度は、火炎に乱れがない「層流燃焼速度」と乱れがある「乱流燃焼速度」としても定義される。基本的な特性としては層流燃焼速度の最大値で代表される。

　表4に主な可燃性ガスの層流燃焼速度の最大値とそのときのガス濃度を示す。水素とアセチレンがとくに大きな燃焼速度を示しており、逆火が起こりやすいガスであるこ

表4　各種混合気の最大燃焼速度

（混合気の温度：室温、圧力：0.1013MPa（大気圧））

支燃性ガス	可燃性ガス	水素	メタン	アセチレン	エチレン	エタン	プロピレン	プロパン	n-ブタン
空気	最大燃焼速度（cm/s）	291.2	33.8	154.0	68.3	40.1	43.8	39.0	37.9
	そのときの可燃性ガスの濃度（vol%）	43	10.0	9.8	7.4	6.3	5.0	4.5	3.5
酸素	最大燃焼速度（cm/s）	1175	393	1140	550	–	–	390	–
	そのときの可燃性ガスの濃度（vol%）	74	25	36	7.2	–	–	17	–

（出典：安全工学便覧（第4版）、コロナ社、p.72、（2019）
平野敏右：燃焼学、海文堂、p.54、（1986）
辻廣：燃焼現象論（5）、機械の研究、28、pp.1143-1145（1976））などをもとに作成）

とがわかる。また、酸素との混合ガスでは、空気との混合ガスより燃焼速度が1桁大きくなることに注意する。燃焼速度が大きい可燃性ガスは逆火しやすく、また爆発した際には、爆発が激しいものとなり、大きな被害をもたらす。

2.2　爆発の性質

2.2.1　爆発の種類

　爆発とは、一般に、圧力の急激な発生または開放の結果として、爆発音を伴う気体の膨張等が起こる現象をいう。爆発には、ボイラーの爆発や火山の爆発に見られるような物理的原因によるものと、燃焼などの化学反応による化学的原因によるものとがある。

　ガス溶接等の作業に伴って生ずる爆発は、化学的原因によるものである。化学的原因による爆発は、主として酸化反応（通常の燃焼反応）によるものと分解反応によるものとに分けられる。

①　酸化反応による爆発

　a）可燃性ガスの爆発（アセチレン、メタン、LP ガス、都市ガス、水素などの爆発）

　b）可燃性ミストの爆発（軽油、油圧作動油の漏えいに伴うなどの爆発）

　c）可燃性粉じんの爆発（デンプン、小麦粉、プラスチック粉、石炭粉、アルミニウム・マグネシウム等金属粉などの爆発）

　d）爆発性混合物の爆発（黒色火薬、煙火などの爆発）

②　分解反応による爆発

　a）分解爆発性ガスの爆発（アセチレン、エチレンオキシド（酸化エチレン）、オゾンなどの爆発）

　b）爆発性固体、液体の化合物の爆発（トリニトロトルエン、過酸化ベンゾイル、ニトログリセリンなどの爆発）

(1)　爆発（爆燃）

　可燃性ガスが空気や酸素と混合して爆発性混合ガスが形成され、何らかの着火源が存在すると、ガス爆発が生じ、作業者を傷つけたり設備を破壊したりする。この現象は、爆発性混合ガス中を火炎が急速に伝ぱすることによって生ずる。爆発は、可燃性ガスのみならず、可燃性液体のミストや粉体の粉じんが空気中に一定の濃度以上、浮遊・分散してミスト雲や粉じん雲を形成すると、着火源によって可燃性ガスと同様の現象が生ずる（図5）。

　通常の爆発による火炎の伝ぱ速度は音速以下である。学術的には音速以下の火炎面の伝ぱを「爆燃（デフラグネーション）」といい、音速を超えた燃焼面の伝ぱを「爆ごう（デトネーション）」といって区別する。爆ごうでは火炎面ではなく、むしろ燃焼面（燃焼波面）の伝ぱを指す。ただし、産業現場では、急激な燃焼拡大の様相を爆発的に燃焼したという意味で、「爆燃」ということがある。

　空間の状況によるガス爆発現象の相違を図6に示す。管路やダクト内でのガス爆発では、火炎の伝ぱの途中で火炎が乱れ、加速するようになり、圧縮波が火炎の前方に形成され、さらに火炎が加速すると、音速を超え、爆ごうに転移する。

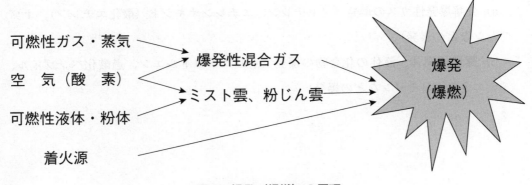

図5　爆発（爆燃）の原理

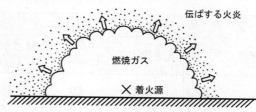

(a) 開放空間における気相爆発

可燃条件にある気体（霧、粉じんを含む）

伝ぱする火炎

燃焼ガス

×着火源

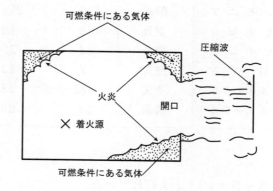

(b) 縦、横、高さの寸法比が1に
近い閉囲空間での気相爆発

可燃条件にある気体

圧縮波

火炎

開口

×着火源

可燃条件にある気体

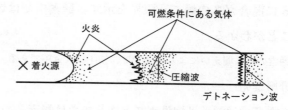

(c) 管路やダクト内での気相爆発

火炎

可燃条件にある気体

×着火源

圧縮波

デトネーション波

層流火炎伝ぱ　　　乱流火炎伝ぱ　　　デトネーション

図6　空間の状況による気相爆発現象の相違

（出典：平野敏右：ガス爆発予防技術、海文堂、p.74、（1983）（一部改変））

(2)　爆ごう

　爆ごうの形態では激しい爆発となる。爆発では圧力の上昇は初圧^(注)の約10倍以下であるが、爆ごうでは、数十倍に達する。爆ごうは気体あるいは固体や液体の相で生じる。

　ガスの爆ごうは燃焼速度が大きい水素―酸素やアセチレン―酸素中で生じやすい。爆ごうへの転移のしやすさは、混合ガスの濃度のほか、管やダクトの太さ、長さ、内壁の粗さ、火炎の初期乱れの大きさなどによる。固体の爆ごうは爆薬、火薬類は起爆薬により生じる。爆薬等での激しい爆発は爆ごうの形態で生じているためである。

　ガスの爆ごうの特殊な例としては、高圧の空気や酸素の配管内の油膜も、ガス爆発のような強力な着火源が存在すると、爆ごうを起こすことがあり、「油膜爆ごう（フィル

表5　混合ガスの爆ごう限界

混合 ガス		爆発下限界[vol%]	爆 ご う 限 界		爆発上限界[vol%]
可燃性ガス	支燃性ガス		爆ごう下限界[vol%]	爆ごう上限界[vol%]	
水　　　素	空気	4.0	18.3	59	75
水　　　素	酸素	4.0	15.0	90	95
一 酸 化 炭 素	酸素	15.5	38.0	90	94
アンモニア	酸素	13.5	25.4	75	79
アセチレン	空気	2.5	4.2	100	100
アセチレン	酸素	2.3	3.5	100	100
プロパン	酸素	2.2	3.2	37	57
エチルエーテル	空気	1.85	2.8	4.5	48
エチルエーテル	酸素	2.1	2.6	>40	82

ムデトネーション)」とよばれている。

　表5に混合ガスの爆ごう限界を示す。酸素中では爆ごうが発生する濃度範囲が広くなることがわかる。

(注) 通常のガス漏えいによる爆発では、初圧は大気圧である。

(3)　分解爆発

　ガス爆発は通常、可燃性ガスと空気または酸素との混合ガスによるものであるが、例外的なガス爆発の形態として、空気または酸素がなくてもガス自体の分解反応熱によって爆発することがある。このような爆発を「分解爆発」という。

　分解爆発は高圧下で起こりやすく、着火源のエネルギーが大きければ大気圧でも分解爆発の危険がある。分解爆発を生ずる代表的なガスはアセチレンであり、その他にもメチルアセチレン、モノビニルアセチレン、エチレンオキシド等がある。労働安全衛生規則第301条でアセチレンは130kPa（0.13MPa）を超えて使用してはならないとされているのは、分解爆発の危険性を避けるためである。

　潜函やシールド工法のような高気圧下の作業場で、アセチレンを用いる際には、圧力調整器の圧力計の指示値に、潜函圧力をプラスしたものがアセチレンの圧力であるので、十分注意する必要がある。これは圧力調整器などに用いられている圧力計は、絶対圧力を示さず、雰囲気の気圧をゼロとした圧力（これを「ゲージ圧力」という）を表示するためである。

2.2.2 爆発の影響

(1) 爆発圧力

　密閉された空間内の爆発性混合ガスに着火すると火炎が生じ、混合ガス中を急速に伝ぱする。火炎による高温ガスのため空間内の圧力は上昇する。しかし爆発下限界付近では、空気は十分にあるが可燃性ガスの量が少なく、また爆発上限界付近では可燃性ガスに対して空気不足のため、それぞれ火炎温度は低く、圧力の上昇は比較的小さい。

　しかし、可燃性ガスと空気中の酸素との混合ガスが着火により爆発する際に、両者に過不足のない「理論混合比[注]」と呼ばれる濃度付近の混合ガスに着火すると、混合ガス全体にわたって火炎が急速に伝ぱする。この結果生じた燃焼生成ガスは高温（約2,000℃、表1（20頁））であるため、混合ガス全体が高温になってごく短時間に大きな体積増加が生ずる。そのため、密閉空間や密閉容器の内部圧力は、一般の可燃性ガスにおいて最初の圧力の7〜8倍、アセチレンでは約10倍にも達する。装置や容器の強度が爆発圧力より弱いと、大きな破壊を招き、作業者を傷つけることになる。各種可燃性ガスの理論混合比を表6に示す。

(2) 爆風による被害

　爆発によって発生する圧力波や衝撃波は、爆風として周囲へ影響を与える。図7に

表6　可燃性ガスの空気または酸素との理論混合比 [vol%]

燃　　　料	空気との混合ガス	酸素との混合ガス
水　　　素	29.5	66.7
メ タ ン	9.5	33.3
アセチレン	7.7	28.6
エ チ レ ン	6.5	25.0
プ ロ パ ン	4.0	16.7
ブ タ ン	3.1	13.3

　（注）例えば、アセチレンの場合、

$$C_2H_2 + 2.5O_2 = 2CO_2 + H_2O + 1300kJ/mol$$

1L C_2H_2：2.5L O_2 →空気中の場合は、$C_2H_2$1L に対し、

空気量は $\dfrac{2.5}{0.21} \fallingdotseq 11.9L$

　したがって、アセチレンの空気との理論混合比は、

$$\dfrac{1}{11.9+1} \times 100 \fallingdotseq 7.7vol\%$$

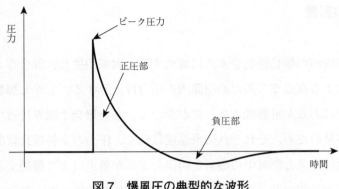

図 7　爆風圧の典型的な波形

表 7　爆風圧による被害の例

爆風圧 （kPa）	被害の例
0.3	音速で飛ぶジェット戦闘機の衝撃波
0.7	ひずみのある窓ガラスの破壊
1	一般的な窓ガラスの破壊
3	家屋の軽微な被害
5	窓枠の外れや破壊
10	スレート壁の破壊、屋根の浮き上がり移動
15	モルタルやコンクリートブロック塀の崩壊
30	樹木の折れや鉄柱の倒壊
50	家屋全壊
70	レンガやビルの全壊

（資料：爆発、海文堂、p.231、（1983）、安全工学便覧（改訂 4 版）、コロナ社、
p.198、（2019）などをもとに作成）

爆発の際に典型的な圧力波形を示す。被害は圧力（正圧値）とその圧力の持続時間によってもたらされる。爆風圧（爆風ピーク圧）は距離とともに減衰するが、その関係を一般化（正規化）した曲線が使われる。

　表 7 に爆風圧による被害の例を示す。窓ガラスは 1kPa から数 kPa、工場家屋に使われるスレート壁は 10kPa から 15kPa 程度の圧力上昇で破壊する。ぜい弱な箇所から破壊が進行する。

第3章　ガス溶接等に用いる燃料ガスおよび酸素

○燃料ガスや酸素の特性を理解する。

3.1　アセチレン

　アセチレンは三重結合を持つ不飽和炭化水素であり反応性が高く不安定なため、条件によっては分解反応を起こし、爆発する性質がある。1896年、アセトンにアセチレンを溶解させると分解爆発を起こさないことをフランスの科学者が発見し、溶解アセチレンの方法を完成させた。その後改良が進み、容器内に多孔質物を充てんし、これにアセトンを浸潤させ、アセチレンを溶解させている。多孔質物の吸収性と空間の細分化により、アセチレンとアセトンとの接触面を十分に与えてアセトンの溶解効率をよくし、多孔質物の断熱性とアセトンの冷却作用によって、分解爆発の伝ぱを阻止することができる。現在では、溶剤としてアセトンのほかDMF（ジメチルホルムアミド）が用いられている。

3.1.1　アセチレンの製造

　アセチレンの製造方法にはカーバイド法と熱分解法がある。カーバイド法は、カルシウムカーバイド CaC_2（以下、「カーバイド」という）に水を反応させてアセチレンを製造する方式である。

$$CaC_2 + 2H_2O \rightarrow C_2H_2 + Ca(OH)_2$$

　カーバイドから製造されたアセチレンには、原料の生石灰（CaO）に含まれる硫黄やりんなどのために、毒性の化合物である硫化水素、りん化水素、アンモニアなどが混在している。そのため容器に充てんするときはこれらの不純物を除去する必要がある。

　熱分解法は石油系炭化水素を熱分解させてアセチレンを製造する方式である。

　メタンを高温（$1,000 \sim 1,500℃$）で瞬間加熱すると熱分解してアセチレンと水素が生成するが、この反応は次式に示すように吸熱反応で、大量の熱を供給することが必要である。

$$2CH_4 \rightarrow C_2H_2 + 3H_2 - 376kJ$$

　その他として、酸素で炭化水素を部分燃焼させてアセチレンを製造する燃焼法がある。

3.1.2 アセチレンの性質

(1) 一般的性質

アセチレンは次の一般的性質を有している。

① 名 称：化学名および一般名ともにアセチレン（acetylene）である。国際基準
IUPAC 系統名でエチン（ethyne）という名称も使われている。

② 化学式：化学物質を元素の構成で表現する化学式は C_2H_2、構造式で表すと
$H - C \equiv C - H$ となる。

③ 分子量：気体1モルの質量を表す分子量は 26.04 である。
C(炭素)の原子量 12.01、H(水素)の原子量 1.008 として計算すると
$C_2H_2 = 12.01 \times 2 + 1.008 \times 2 = 26.036 \fallingdotseq 26.04$ となる。

④ 外 観：純粋なアセチレンは無色・無臭の気体であるが、カーバイドを原料とし
て製造したものは、不純物を含有しているので不快な臭いがする。

⑤ 比 重：標準状態（0℃、1 気圧）で空気の質量を1としたときのガス比重は 0.91
で、空気より軽い。同じ条件で、1㎥の質量は 1.173kgである。

⑥ 沸 点：1 気圧で液体が沸騰する温度を沸点といい、アセチレンの沸点は−83.6℃
である。

⑦ 臨界点：ガスが液化する最高温度以上では、どんなに圧力を加えても液化しなく
なる点を臨界点といい、その時の臨界温度は 35.2℃、臨界圧力は 6.19MPa
である。

表8　主要な溶剤に対するアセチレン溶解度

溶　　剤　　名	溶解度※
アセトン	20.8
ジメチルスルホキシド	27.8
ジメチルホルムアミド（DMF）	31.4
N－メチルピロリドン	34.0
ヘキサメチルホスホルアミド	47.0
ビスジメチルアミド　メタホスホネート	61.3

※ 20℃の溶剤1mL中に溶解したアセチレン容積（mL）で、0℃、1気圧における値

(2)　溶解度

　アセチレンは水やその他の溶剤によく溶ける。例えば0℃の水1に対して容積比約1.7倍、15℃の水1に対して容積比約1.1倍、15℃のアセトン1に対して容積比約25倍の溶解度である。

　主要な溶剤に対するアセチレン溶解度を表8に示す。

(3)　有害性

　純粋なアセチレン自体は有毒ではないが窒息性ガスであるため、多量のアセチレンが吸気に含まれると酸素欠乏症となる。カーバイドを原料として製造したアセチレンには不純物として毒性の強いりん化水素、硫化水素、アンモニアなどが含まれており、これらの不純物を吸引すると、頭痛、麻酔性、徐脈（徐々に脈拍が遅くなること）等の症状が起こる。しかし現在の溶解アセチレンは精製されているため、これらの不純物はほとんど含まれていない。

(4)　反応性

　アセチレンは非常に反応性の高いガスであり、種々の物質と反応して新しい化合物をつくり、また加熱などにより重合して種々の重合物をつくる。銅や銀などの金属と反応してアセチリドをつくるが、この物質は不安定で、衝撃、加熱などにより激しく分解爆発する。

3.1.3 アセチレンの爆発危険性

(1) 混合ガスによる爆発

　アセチレンと空気が混合したときの爆発範囲はアセチレンが分解爆発をするため2.5〜100vol％と非常に広い。また、発火温度は305℃と低いので、火炎はもちろん高温配管のような高熱物に触れても容易に発火する。

(2) アセチリドによる爆発

　アセチレンは、銅や銀などと容易に反応して、爆発する危険性のあるアセチリドを生成するということはすでに述べた。アセチレン銅、アセチレン銀と呼ばれるアセチリドは、非常に不安定な化合物であって、わずかな衝撃や加熱（120℃程度）などによって爆発的に分解して多量の熱を生ずる。この熱がアセチレンの分解爆発、または空気とアセチレンの混合ガスの爆発の着火源となる危険がある。このため、銅はもちろんのこと、銅を70％以上含む（高圧ガスに該当する0.2MPa以上のアセチレンでは62％を超える）銅合金をアセチレン発生器、配管、バルブ、アセチレン容器、圧力調整器、アセチレンホース継手など、アセチレンと接触する部分の材料に使用してはならない。

　なお、ガス溶接・溶断作業に使用する銅製の溶接火口・切断火口は、高速で噴出するアセチレン－酸素の混合ガスと接触しており、100％のアセチレンではないことと、常に火炎の熱で乾燥されているためアセチリドを生成するおそれはない。

　銅の使用については法令で規定されており、その一部を記す。

・労働安全衛生規則第311条では、溶解アセチレンのガス集合溶接装置の配管および附属器具に、銅または銅を70％以上含有する合金を使用してはならないと定めている。

・一般高圧ガス保安規則関係機能性基準では、アセチレンのガス設備に、銅および銅の含有量が62％を超える銅合金を使用してはならないと定めている。

　銀については法令で規制されていないが、銅と同じくアセチレンの設備・機器には使用しない。たとえば銀ろう付けのろう材に含まれる銀には注意を要する。

　一般的によく使用される銅合金の銅の含有量を**表9**に示す。

表 9　銅合金別の銅の含有量（「JIS ハンドブック」による）

銅合金　名称・種類	記　　号	銅の含有量［質量 %］
黄　　　　　銅	C2700	63.0 〜 67.0
快　削　黄　銅	C3604	57.0 〜 61.0
鍛　造　用　黄　銅	C3771	57.0 〜 61.0
高力黄銅鋳物 2 種	CAC302	55.0 〜 60.0
青　銅　鋳　物　6　種	CAC406	83.0 〜 87.0
青　銅　鋳　物　7　種	CAC407	86.0 〜 90.0

⑶　アセチレンの分解爆発

　ガス溶接・溶断作業にアセチレンが用いられ始めた頃は、カーバイドを発生器に投入し、0.007MPa 未満の低い圧力で発生したアセチレンを直接使用していた。ガス溶接・溶断が盛んになるとともに能率のよい高圧の発生器や液化アセチレンが製造されたが、それに伴い高圧アセチレンの分解爆発や液化アセチレンの爆発事故が多発した。その結果、液化アセチレンの製造が禁止され、また労働安全衛生規則（第 301 条）ではゲージ圧力 0.13MPa（130kPa）を超えるアセチレンを発生させてはならないと規定された。

　このようにアセチレンは、空気や酸素の支燃性ガスがなくても着火源や衝撃によって分解爆発を起こし、炭素と水素に分解することが多くの事故から明らかであるが、この分解反応はアセチレン 1 ㎥当たり約 10MJ（2,400kcal）の発熱を伴うため爆発的に進行し、高圧下ではいっそう激しく、容易に爆ごうに転移する。高圧下では着火に必要な最小のエネルギー（最小着火エネルギーという。）は、圧力の増加に伴って小さくなる。これは、圧力が高いほど小さなエネルギーで分解爆発が起こるということである。

$$C_2H_2 \rightarrow 2C + H_2 + 10MJ$$

　この高圧下のアセチレンの最小着火エネルギーは、ガソリンやプロパンと空気が混合して形成された爆発性混合ガスの最小着火エネルギーの値とほぼ同じであり、高圧下のアセチレンの危険性が高いことを表している。過去にはゲージ圧力 0.04MPa 未満の圧力では、分解爆発が起こらないとされていたが、ドイツの化学工場における爆発事故の際、エネルギーの大きな着火源があれば常圧下でも分解爆発が起こることがわかった。そのため、アセチレンの爆発上限界は 80vol％であったが、現在では 100vol％とされている。

3.1.4 溶解アセチレン

溶解アセチレンは、耐圧容器（溶接容器）に詰めた多孔質物（通称「マス」と呼ばれる）にアセトン等の溶剤を浸潤させておき、この溶剤にアセチレンを圧入して溶解させたものである。これは容器内の一部でアセチレンが分解反応を起こしても、発生した熱が多孔質物の微細な孔壁に吸収され、またアセトンの冷却作用によって、他の部分への熱影響を及ぼさないことを利用して分解爆発を阻止するものである。多孔質物としては、けい酸カルシウムの固形物を使用し、容器内で一塊となった多孔度90～92％の軽量マスである。

溶剤はアセトンの他、溶解性に優れたDMF（ジメチルホルムアミド）が使用されている。DMF容器はアセトン容器に比べてガス流量が比較的多い装置などに使用される。

しかし、DMFは毒性が強いので、溶解アセチレン工場では直接皮膚などに触れないようにする必要がある。バルブや圧力調整器に使用するゴム材質は、アセチレン単体であればほとんどの材質を使用できるが、溶解アセチレンの場合、溶剤のアセトンに対して適応するゴム材質としては、ブチルゴム（イソブチレン・イソプレンゴム：IIR）またはエチレンプロピレンゴム（EPDM）に限定される。またDMFに対してもブチルゴムまたはエチレンプロピレンゴムが主に使用されているが、用途によって使用できない場合があるので、注意を要する。

溶剤に対するアセチレンの溶解割合は、アセチレンを溶解させるときの温度と圧力によって異なるため、充てんの基準となる圧力は15℃でゲージ圧力1.52MPa以下と定められている。しかし、実際に市販されている溶解アセチレンの多くは、安全のためにこれよりも低い圧力で充てんされている。

アセチレンの溶解度は、質量で計られていて、アセトン1kg当たり0.5kg程度溶解している。41L容器には約11kgの多孔質物に約14kgのアセトンが浸潤されているので、アセチレンは約7kg充てんされている。アセチレンの1kgの容積は0.854㎥であり、7kgを容積に換算すると約6㎥となる。圧縮ガスの場合はボイル＝シャルルの法則の「気体の圧力は体積に反比例し絶対温度に比例する」に応じて、温度の変化に比例して圧力が変化するが、溶解アセチレンの場合は、温度が低くなるとアセチレンのアセトンへの溶解度が増加するので圧力は低下し、また逆に温度が上昇すると溶解度が減少して圧力が高くなる。そのため容器内圧力は容器温度の変化に比例していない。アセチレン容器内の圧力の変化を**表10**に示す。

　溶解アセチレンの製造工程の概略は、発生器で発生させたアセチレンを一度ガスホル
ダーに貯蔵し、次に清浄器で精製して乾燥器で水分を除いたのち、圧縮機によって最高
圧力 2.45MPa 以下で圧縮する。次に油分離器で潤滑油を取り、高圧乾燥器で乾燥させ
て容器に充てんするが、アセチレンが溶解するとき発熱するので、水冷しながら充てん
する。充てん終了後 24 時間静置したのち純度分析を行い、出荷される。容器に充てん
されたアセチレンの品質は、JIS K 1902（溶解アセチレン）の試験方法に従い、アセト
ン量は発煙硫酸法か臭素法で、りん化水素と硫化水素の不純物は硝酸銀 10% 水溶液に
侵した紙片によって試験し、表 11 の規定に適合しなければならない。

表 10　溶解アセチレン容器内の圧力の変化

温度〔℃〕	容器内圧力 MPa
− 10	0.79MPa
0	1.04MPa
10	1.35MPa
20	1.71MPa
30	2.11MPa
40	2.54MPa

※メーカー資料より

表 11　溶解アセチレンの品質

項　　目	規　　定
アセチレン（V/V%）	98.0 以上
りん化水素及び硫化水素	着色を認めず

(JIS K 1902)

┌─ **コラム** ─────────────────────────

アセチレンの不純物とその精製

普通のカーバイドは不純物を含んでいるので、これから発生したアセチレンもまた不純物を含んでいる。その含有量、成分などは原料カーバイドの品質やアセチレンの発生条件により変化する。アセチレンに含まれる不純物の組成例を**表12**に示す。カーバイド中の硫黄化合物は主として硫化カルシウム（CaS）、硫化アルミニウム（Al_2S_3）である。硫化アルミニウムは水と反応して硫化水素を発生する。発生温度が高いほど発生量は多い。硫化水素は溶接部の強度をもろくすると同時にアセチレンが通過する導管などを腐食させる。

りん化水素はカーバイド中のりん化カルシウム（Ca_3P_2）と水との反応で発生する。りん化水素は空気中で自然発火しやすいので危険である。また、溶接部に作用してその部分をもろくする。したがって硫化水素、りん化水素は除去する必要がある。

アセチレンを精製することを「清浄」といい、清浄剤による化学的清浄法が一般的に使用されている。多くの清浄剤はアセチレン中の不純分を酸化固定する酸化剤を主成分としている。この種の清浄剤には次の種類がある。

① ヘラトール：けい藻土に重クロム酸カリ、硫酸などを吸収させた粉末
② カタリゾール、リカゾールなど：けい藻土に塩化第二鉄溶液を吸収させたのち、昇こう（$HgCl_2$）を少量添加した粉末。空気にさらして復活して反復使用できる利点がある。
③ 液体清浄剤：次亜塩素酸塩水溶液など

表12　発生器によるアセチレンの成分の例

成　　　分	化学成分 [vol%]
アセチレン	94 〜 99
酸　　　素	0.03 〜 0.90
窒　　　素	0.10 〜 0.45
水　　　素	0.00 〜 0.16
硫 化 水 素	0.02 〜 0.18
りん化水素	0.12 〜 1.22
アンモニア	0.07 〜 1.32
メ　タ　ン	0.00 〜 0.22
一酸化炭素	0.00 〜 0.23

3.2　アセチレン以外の燃料ガス

アセチレン以外の可燃性ガスには数多くの種類があるが、ここではガス溶接・溶断作業に燃料ガスとして使用されるものについて述べる。

3.2.1　燃料ガスの種類

ガス溶接・溶断作業などに使用される燃料ガスとしては、アセチレンのほか、プロパン、プロピレン、ブタン、ブチレンなどを主成分とするLPガス（Liquefied Petroleum Gas：液化石油ガス）やエチレン、メタン、水素などがある。またメチルアセチレン、プロパジエン、ブタジエンなどを主成分としたものや、アセチレンの分解爆発を抑制するためにプロピレンを混合したものなど、各種の混合ガスをはじめ、都市ガスや液化天然ガス（LNG）も利用されている。液化天然ガスのように沸点の低い液化ガスは、気化させた後にアセチレンやLPガスなどと現場で混合して使用することが多い。

アセチレン以外の燃料ガスは、一部の混合ガスを除いて溶接性に難点があるため、ろう付けに用いられる他は、もっぱらガス溶断、加熱用に使用されている。

3.2.2　燃料ガスの主な性質

　燃料ガスの燃焼に関する性質は**表1**（20頁）に示したが、物理的性質については**表13**（46頁）に示す。このほか、燃料ガスの主な性質は、次のとおりである。

① 標準状態（0℃、1気圧）の空気を1とした場合のガス比重が1より小さい水素、メタン、アセチレン、エチレンなどは、空気中に上昇して拡散しやすいが、ガス比重が1より大きいプロピレン、プロパン、ブタンなどは低いところに滞留する。またガス比重が1より小さいガスであっても、冷却されて空気の温度より低くなった場合は空気より重くなり、低いところに滞留する場合がある。

② これらのガスは常温かつ1気圧ではいずれも気体であるが、水素、メタン、アセチレンおよびエチレン以外は臨界温度が高いため、圧縮すると容易に液化する。このため耐圧容器（溶接容器）に液状で充てんして利用されている。

　容器への充てんは、必ず気相部ができるように液状のガスを入れる。容器の中は、液体ガスが蒸発して気体のガスを発生し、そのガス圧力が所定値になると蒸発が停止して平衡状態（飽和状態）となる。このときの圧力を「蒸気圧」として表し、温度が高くなれば蒸気圧も高くなる。ガスを使用すると容器内圧力が低下するので液体からの蒸発が始まり、連続してガスを使用することができる。

③ 水素、メタン、アセチレンおよびエチレンは単独で使用されることが多いが、そのほかのガスは混合ガスの状態で利用していることが多い。そのためプロピレン、プロパン、ブチレン、ブタンなどの混合物であるLPガスなどは、容器からガスだけを取り出して使用していると、容器中の液体からは沸点の低いガスが先に多く気化するため、容器内は沸点の高いガスが残される。しかし混合ガスの種類によっては組成を調整してこのようなことが起こらないようにしてあるものもある。

④ アセチレン、メチルアセチレンなどの分解爆発を抑制するため、これらのガスにエチレン、プロピレン、水素などを混合したものや、作業性を改善するため水素、メタン、LPガスなどを混合したものも市販されている。

⑤ LPガス（燃料用）には漏れても気づきやすいように、臭いをつけることが義務づけられている。

⑥ 混合ガスの爆発限界は、それぞれの成分の単独の爆発限界が既知であれば、**2.1.3**(1)爆発限界（燃焼限界、可燃限界）（20頁）で示したル・シャトリエの法則により求められる。

⑦　アセチレン以外の燃料ガスは金属に対する反応性はなく、腐食性もない。しかし
　　LP ガス等は、ガソリンと同じように鉱物油、動・植物油をよく溶かす。また天然ゴ
　　ム製品などに対しても溶解性がある。

⑧　沸点が高いブタン等は、容器から蒸発したガスが温度の低い配管に流れて冷やされ
　　ると、再液化することがある。特に冬場、容器を暖めて蒸発を促進させた場合に起き
　　やすい。

3.2.3　燃料ガスの危険性と対処

　ガス溶接等の作業などに使用される燃料ガスは、高圧ガスの状態で使用されることが多く、管理や取扱いを誤ると火災や爆発災害を起こす危険性がある。

①　水素はガス比重が 0.07 と小さいため空気中に漏れても拡散しやすい。しかし水素と空気の混合ガスの爆発範囲は 4 〜 75vol％と広い。水素が室内で大量漏えいして天井に滞留した場合、室内にある着火源となる電気設備の電源は、離れた位置にある元電源を遮断し、すみやかに窓を開けて排気等の処置を行う。

②　比重が空気より重いガスは拡散しにくく、少量のガスが漏れても低いほうに流れてピットの中、マンホール内部、床下などに滞留して長時間にわたって爆発性混合ガスを形成する危険性がある。例えばプロパンの比重は空気より重く、爆発上限界が 9.5vol％と比較的爆発範囲は狭いが、爆発下限界は 2.1vol％と低いので注意が必要である。

③　アセチレンおよびエチレン以外の炭化水素ガスは、グリース、天然ゴムおよび塩化ビニル管などを溶解したり透過するので、これらの材料を使用してはならない。

　　LP ガスに使用するゴム材質は、ニトリルゴム（NBR）およびフッ素ゴム（FKM）が適している。

④　夏季に、充てんした未使用の容器が長時間直射日光を受けると、容器内部の圧力が異常上昇して、容器弁に内蔵しているばね式安全弁の作動、あるいは破裂板式安全弁が破裂して、ガスが噴出する危険性がある。ガス容器は 40℃以下に保つことが法律で規定されている。

⑤　燃料ガス容器の容器弁からガスが漏れた場合は、すみやかに容器弁を閉じてガスの流出を止め、窓、扉などを開放して、床面近くや天井近くでも漏れたガスが検知されなくなるまで換気しなければならない。

⑥　燃料ガスのガス漏れ箇所の検査は漏れ検知液などを用いて行い、絶対にマッチ、ローソク、ライターなどの火気を使用してはならない。

⑦　燃料ガス容器の火災の場合には、燃料ガスの流出を止めることが第一である。火災の状況に応じて散水または水噴霧などの手段により冷却するとともに容器バルブを閉止し、ガスの流出を止めて火災の拡大を防がなければならない。しかし、破裂板式安全弁や可溶合金安全弁が作動して発火した場合はガスの流出を止めることができないので、火炎の方向を安全な方向に変えるなど状況に応じて適切な措置をとる必要がある。

⑧　燃料ガスの燃焼には助燃用の酸素ばかりでなく大量の空気を必要とするため、狭い場所での作業では空気の換気に注意しないと酸素欠乏のため不完全燃焼して一酸化炭素を発生し、中毒を起こすことがある。

表13　燃料ガスの物理的性質

ガ　ス　名	分子式	ガス比重 (空気=1)	0℃ 1気圧 1m³の 質量 [kg]	0℃ 1気圧 1kgの 容積 [m³]	1気圧 沸点 [℃]	臨　界	
						温度 [℃]	圧力 [MPa]
水　　　素	H$_2$	0.07	0.0898	11.136	− 252.8	− 239.9	1.293
メ　タ　ン	CH$_4$	0.55	0.7161	1.397	− 161.5	− 82.5	4.595
アセチレン	C$_2$H$_2$	0.91	1.173	0.854	− 83.6	35.2	6.139
エチレン	C$_2$H$_4$	0.98	1.264	0.791	− 103.7	9.2	5.041
エ　タ　ン	C$_2$H$_6$	1.05	1.356	0.737	− 88.6	32.3	4.871
メチルアセチレン	C$_3$H$_4$	1.412	1.779	0.562	− 23.22	129.2	5.628
プロパジエン	C$_3$H$_4$	1.391	1.798	0.556	− 34.5	120	5.470
プロピレン	C$_3$H$_6$	1.45	1.915	0.522	− 47.7	92.4	4.665
プロパン	C$_3$H$_8$	1.56	1.968	0.508	− 42.1	96.8	4.250
n−ブチレン	C$_4$H$_8$	1.936	2.503	0.399	− 6.3	146.4	4.023
イソブチレン	C$_4$H$_8$	1.936	2.503	0.399	− 6.9	144.8	4.050
n−ブタン	C$_4$H$_{10}$	2.01	2.599	0.385	− 0.5	152.0	3.797
イソブタン	C$_4$H$_{10}$	2.01	2.599	0.385	− 11.7	135.0	3.648

※1気圧：0.1013MPa

3.3 酸素

3.3.1 酸素の存在

　酸素は地球を取り巻く大気層から地殻の中まで広範囲に存在し、空気中に約 21 ％含まれている。1774 年、イギリスの科学者が空気中よりも光を放ちながら激しく物質を燃やすガスを抽出し、そのガスを酸素（oxygen）と名付けた。

　地球上では各種の燃料消費のため酸素が大量に消費されているが、植物の光合成により二酸化炭素のうち炭素を固定し、酸素を大気に放出することで大気の組成が調整されている。大気中の主なガス成分を**表 14** に示す。

表 14　大気中の成分ガスとそれらの分子量および比重

ガ　ス　名	体積　％	分子量
窒　　素	78.084	28.014
酸　　素	20.9476	31.9988
ア ル ゴ ン	0.934	39.948
二酸化炭素	0.0314	44.0095

（出典：「JIS W 0201-1990（ISO2533-1975）標準大気」に基づき作成）

3.3.2　酸素の性質と危険性

(1)　一般的性質

　酸素は無色、無臭、無味の気体であり、空気に対する比重は 1.1 倍で空気より重い。酸素自身は燃えたり爆発したりすることはないが、可燃物の燃焼を支える性質をもっており、この性質を支燃性という。酸素の主な性質を**表15**に示す。

(2)　酸素の危険性

　酸素の危険性や取扱いの注意事項などについて、各関係業界で周知を図っているが、酸素による事故は毎年発生している。酸素を取り扱う者は、関係法令を順守するとともに、取扱いには慎重を期す必要がある。

① 　酸素中で可燃物が燃焼すると燃焼速度が大きく火炎温度も高くなり、取扱いを誤ると非常に危険である。例えば酸素濃度が 30％程度の室内で衣服に火が付くと、衣服は激しく燃え、消火が困難となり、重度の火傷を生じる。さらに空気中では不燃性であるフッ素系樹脂も、高濃度の酸素中では発火する。酸素用の鋼管配管やバルブなどに油脂分が付着してそれに着火すると、油脂とともに鋼管やバルブ自体が溶損する危険性がある。酸素用の装置や器具を取り扱うときの注意事項としては、酸素容器、圧力調整器、バルブなどは油の付いた手や手袋で操作しないこと、酸素と接するねじ部などに機械油を注油してはならないことなど、油脂類は厳禁である。

② 　ガス溶接・溶断作業に使用する酸素は、基準圧力が 35℃で 14.7MPa の高圧力で容器に充てんされており、容器弁や装置用バルブを勢いよく開けて高圧のガスを圧力調整器などに急激に供給すると、通路が閉止されている箇所等では酸素が断熱圧縮現象を生じて高温になり、可燃性の微粉末や油脂分があると発火して激しく燃焼する可能性がある。バルブはゆっくり開くことが必要である。

表15　酸素の主な性質

分子式	O_2
比重〔0℃、1気圧（空気＝1）〕	1.11
0℃、1気圧の1㎥の質量〔kg〕	1.429
0℃、1気圧の1kgの容積〔㎥〕	0.699
臨界温度〔℃〕	－ 118.8
臨界圧力〔MPa〕	5.043

③　液化酸素を入れた超低温液化ガス容器（LGC）を使用する場合は、液化酸素の沸点が−183℃と極低温であるため、容器弁などが低温となっており、素手で触れると凍傷を起こす。

④　純酸素や酸素分圧の高い空気を吸い続けると酸素中毒となり、けいれん発作などの症状が現れてくる。

3.3.3 酸素の製造と供給

(1)　酸素の製造

　酸素は、ガス製造技術が発達していなかった昔は塩素酸塩から製造していたが、現在では空気から分離する「深冷分離方式」と「PSA（Pressure Swing Adsorption：圧力変動吸着法）方式」が主流である。その他、水の電気分解により酸素を採取する方法や、化学薬品による酸素の可逆的吸収と放出、酸素富化膜など多くの方法が現在実用化されている。

　①　深冷分離方式

　　空気の圧縮と膨張を繰り返すことで冷却して液体空気を生成し、主成分の酸素、アルゴン、窒素それぞれの液化温度の差を利用して分離採取する方式

　②　PSA 方式

　　合成ゼオライトなどの固体吸着剤を用いて空気中の窒素を吸着させ、酸素を濃縮・分離して採取する方式

　採取した酸素は、ガス体で耐圧容器（継目なし容器）に充てんするか、液体で超低温液化ガス容器、貯槽（コールドエバポレータ）に充てんする。

(2)　酸素の供給

　大規模な工場では、**写真5**のような貯槽に液化酸素状態で貯えておき、気化供給設備を用いて酸素を気化させ、装置用圧力調整器で減圧調整したうえで、工場各所に配管で供給している。小規模工場では、高圧酸素容器を必要本数連結したガス集合装置（マニホールド方式：**写真6**）を用い、装置用圧力調整器で減圧調整して同じように配管で作業現場に供給する方法を用いている。

写真5　液化酸素気化装置の例　　　　写真6　酸素ガス集合装置（マニホールド方式）の例

第4章　ガス溶接等の装置の構造、取扱いおよび保守・点検

○ガス溶接等の作業に用いる装置（ガス容器、ガス集合溶接装置、圧力調整器、圧力計、導管、吹管および安全器）の構造とその取扱い、保守・点検の方法について理解する。

　ガス溶接等の作業には、図8または図9に示すような装置が用いられる。図8は、燃料ガスの供給源が溶解アセチレンの場合を示したものであり、図9(a)は、アセチレン発生器を用いる場合を示したものでアセチレン溶接装置と呼ばれるものであるが、現在ではほとんど使われていない。

　ガス溶接等の作業に用いられる燃料ガスは、昔はカーバイドと水を発生器で反応させたアセチレンが主であった。しかし昭和30年代をピークにアセチレン発生器は次第に減少し、現在では取扱いの簡単な溶解アセチレンに代わっている。また、石油化学工業の発達によるプロパン、プロピレンなどの液化石油ガス（LPガス）、およびメチルアセチレン、プロパジエン、ブタジエンなどの副生ガス等多岐にわたる可燃性ガスが用いられている。

　さらに、最近では、LNGとプロピレンのようにそれぞれのガスを使用現場で気化混合して使用する方法も普及している。

　このほか、工場などで多量のガスを使用する場合には、容器を集合連結したガス集合装置を用いる。酸素の場合もガス容器に詰められた圧縮酸素を集合装置で使用するほか、超低温容器に充てんした液化酸素を気化して使用する。

　これらのガスは、容器および装置の構造、取扱い方がそれぞれ異なるので、使用に際しては十分理解し、習熟しておくことが必要である。

　また、ガス溶接装置を使用して業務を行う場合は、消費設備の使用開始時、業務中、使用終了時に異常の有無を点検することが定められている（一般高圧ガス保安規則第60条第18号）。

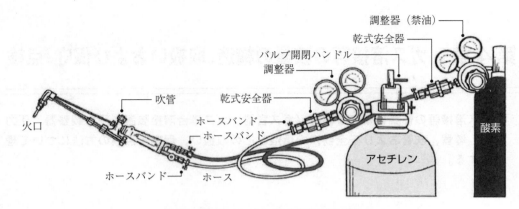

図8　溶解アセチレンを用いた装置

（出典：（一社）日本溶接協会資料）

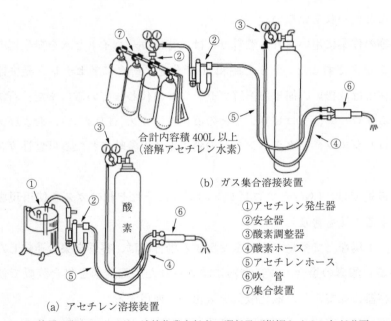

合計内容積 400L 以上
（溶解アセチレン水素）

（b）ガス集合溶接装置

①アセチレン発生器
②安全器
③酸素調整器
④酸素ホース
⑤アセチレンホース
⑥吹　管
⑦集合装置

（a）アセチレン溶接装置

＊使用に際しては、ガス溶接作業主任者の選任及び指揮させることが必要

図9　アセチレン溶接装置

（出典：（一社）日本溶接協会安全衛生・環境委員会、『溶接および溶断の安全・衛生に係る法令』、『溶接技術』2003 年 7 月号（一部改変））

4.1　ガス容器

4.1.1　種類および構造

　ガス溶接、溶断などの作業に使用するガス容器は、いずれも高圧ガス容器に属するが、**写真7**に示すように「アセチレン容器」、「酸素容器」、「LPガス容器」などがあり、構造的には「継目なし容器」と「溶接容器」に分けられる。

(1)　継目なし容器

　酸素、水素、エチレンのように充てん圧力の高いガスに使用される容器で、角鋼材から鍛造でつくられたもの（エルハルト式）と継目なし鋼管の両端を鍛造で絞ってつくったもの（マンネスマン式）とがあり、容器本体に継目のないのが特徴である（**図10**）。

写真7　ガス容器の種類

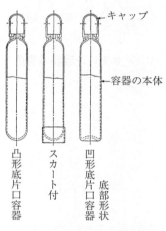

図10　継目なし容器の構造

⑵　溶接容器

　鋼板を溶接して製造するので比較的圧力の低いガスに使用される。LPガスの容器は溶接容器で、アセチレンの容器もほとんどこの形のものが使用されている。鋼板を溶接して製作するので種々の形状、寸法のものがある。**図11**はアセチレン容器、**図12**はLPガス容器の例を示したものである。

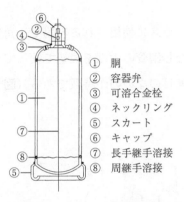

①	胴
②	容器弁
③	可溶合金栓
④	ネックリング
⑤	スカート
⑥	キャップ
⑦	長手継手溶接
⑧	周継手溶接

図11　アセチレン容器の構造

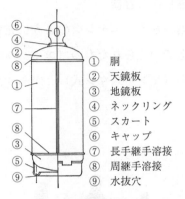

①	胴
②	天鏡板
③	地鏡板
④	ネックリング
⑤	スカート
⑥	キャップ
⑦	長手継手溶接
⑧	周継手溶接
⑨	水抜穴

図12　LPガス容器の構造（50kg用）

(3) 容器の刻印と塗色

これらの容器は製造時に高圧ガス保安法に基づく容器検査が行われ、合格容器には肩部の厚肉部分の見やすいところに、**図 13**(a)(b)に示す項目が刻印されている。容器の外面は、**表 16** に示すように、充てんする高圧ガスの種類に応じた塗色（特に定められた6種類は、黒、赤などの固有の色、その他のガスはすべてねずみ色）がなされている。

さらに、充てんする高圧ガスの名称および充てん高圧ガスが可燃性または毒性ガスの場合はその性質を示す文字（可燃性ガスは「燃」、毒性ガスは「毒」）を明示する。また、アルミニウム合金製およびステンレス鋼製の容器は、「その他の種類の高圧ガス」容器として使用する場合には塗色は必要ない。

容器には、刻印（または標章）および塗色等のほかに、容器所有者の登録記号等を容器の外面に明示しなければならない。

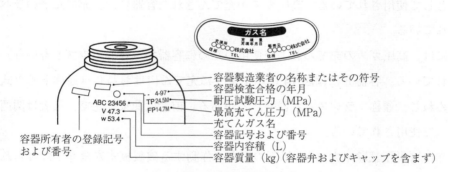

図 13(a) **酸素容器の刻印例**

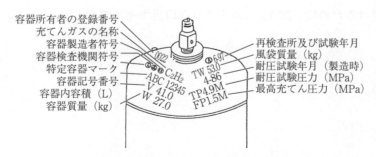

図 13(b) **アセチレン容器の刻印例**

表 16　容器のガス別塗色区分表（容器保安規則第 10 条）

高 圧 ガ ス の 種 類	塗色の区分
酸 素 ガ ス	黒 色
水 素 ガ ス	赤 色
液 化 炭 酸 ガ ス	緑 色
液 化 ア ン モ ニ ア	白 色
液 化 塩 素	黄 色
ア セ チ レ ン ガ ス	か っ 色
その他の種類の高圧ガス	ねずみ色

⑷　酸素容器

　酸素容器（一般に酸素ボンベと呼ばれている）は、最高充てん圧力 35℃ で 14.7MPa、耐圧試験圧力 24.5MPa の継目なし容器で、内容積は 33.5L、40.2L および 46.7L の 3 種類が主として使用されている。高圧ガスが充てんされた容器には、充てん済のラベルが貼付されている。

　容器には、高圧ガスの充てんおよび使用のために容器弁（容器バルブともいう）がねじ込まれている。容器弁には**図 14** に示すように充てん口はおねじ（通称ドイツ式容器弁）とめねじ（通称フランス式容器弁）とがある。前者は関東以北で、後者は関西以西で主として使用されている。

　容器弁には耐圧試験圧力× 0.8 以下の圧力で作動する破裂板式安全弁が設けられ、容器の内部圧力が異常に上昇したとき容器の破壊を防止する。容器運搬の際などに、容器弁が損傷を受けないようにキャップを取り付けて保護する。最近はキャップの紛失や脱着の不便を避けるために、**図 15** に示すような固定キャップが普及している。

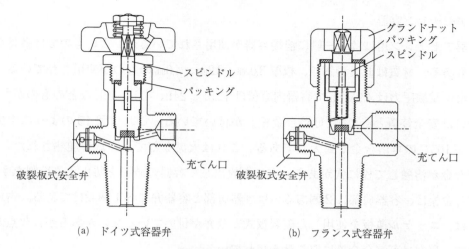

(a) ドイツ式容器弁   (b) フランス式容器弁

図 14　酸素容器弁

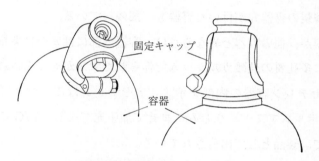

図 15　容器固定キャップの例

(5)　アセチレン容器

　溶解アセチレン用には、一般に溶接容器が使用されているが、古いものでは継目なし容器もある。材質は低炭素鋼で、板厚 3.0㎜、3.2㎜、4.0㎜のものが使用されている。容器の耐圧試験圧力は 4.9MPa で容器内容積は 12.5L、24L、41L、45L などのものがある。容器には安全装置として、「可溶合金栓」が付いている。これは**図 16** のように中央に融点が 105℃の可溶合金が封入してある。これは火災などで、容器が加熱されたとき、可溶合金が溶融して栓に穴があき、ガスを放出して容器の破裂を防止する役割をする。可溶合金栓は、容器肩部に 2 個あるいは容器肩部と容器弁に各 1 個設けてある。古い容器には、ニッケル薄板を使用した破裂板式安全弁が付いているものがあるが、欠点が多いので、現在は可溶合金栓に取り替えられている。

　溶解アセチレン容器弁を**図 17** に示す。材質として銅の含有量 62%以下の銅合金を使用している。軟鋼製の容器弁が付いた容器も一部残っている。

　アセチレン容器が、他の容器と異なる点は、容器内部には安全に多量のアセチレンが貯蔵できるように多孔質の珪酸カルシウムで作られたマスが充てんされていることである。**写真 8** にアセチレン容器の内部を示す。アセチレンはこのマスにアセトンまたは DMF（ジメチルホルムアミド）をしみこませて加圧充てんし、15℃で 1.52MPa の圧力になるようにして、製品として出荷されている。

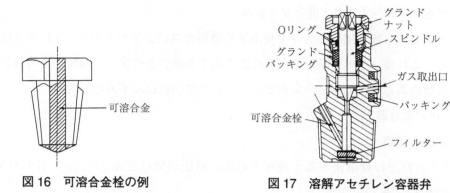

| 図16 可溶合金栓の例 | 図17 溶解アセチレン容器弁 |

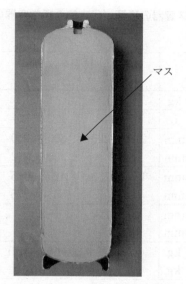

写真8 アセチレン容器内部 [2)]

(6)　アセチレン‐LP ガス混合ガス容器

　アセチレン容器と同一の容器を使用する燃料ガスに、アセチレン‐LP ガス混合ガスがある。これは、アセチレンの火炎性能をあまり減少させずに、爆発性を抑制している点に特徴のあるガスである。混合ガスであるので塗色はねずみ色である。

(7)　LP ガス容器

ア　容器の種類

　LP ガス容器には溶接容器が使用される。耐圧試験は普通 3.0MPa で行われている。容器の種類を**表 17** に示す。

表 17　LP ガス容器の種類（代表的な通常容器の仕様（例））

（寸法、質量は概算値）

区分 / 容器の呼称			2kg 型	10kg 型	20kg 型	50kg 型
充てん質量		kg	2	10	20	50
容　積		L	4.7 ～ 4.8	23.5 ～ 24	47 ～ 48	117.5 ～ 118
本体外径（A）	普通高張力鋼	mm	218 ～ 220	300 ～ 310	313 ～ 321	365 ～ 370
	アルミ合金	mm	220	300 ～ 312	300 ～ 324	368 ～ 371
本体高さ（B）	普通高張力鋼	mm	185 ～ 186	425 ～ 455	830 ～ 870	1,230 ～ 1,280
	アルミ合金	mm	185	555 ～ 575	840 ～ 940	1,279 ～ 1,391
本体肉厚（t）	普通高張力鋼	mm	2.0 ～ 2.3	3.0	2.5 ～ 3.2	2.8 ～ 3.2
	アルミ合金	mm	3.0	4.0	4.2 ～ 4.5	5.0
総重量	普通高張力鋼	kg	4.2 ～ 4.5	11.8 ～ 12.0	17.0 ～ 21.0	35.0 ～ 42.9
	アルミ合金	kg	1.8 ～ 1.9	6.0	10.5 ～ 11.5	23.0 ～ 24.3

（一般社団法人全国高圧ガス容器検査協会発行『高圧ガス容器再検査及び設備基準（LP ガス編）』（平成 20 年））

イ　ガス充てん量

　LP ガスは液化ガスであり、容器内は液体とガスが共存している。LP ガスの蒸気圧は外気温により大きく変化するため、LP ガス容器の内圧も同様に大きく変化する（**表18**)。

　また、容器中の液化された LP ガスは、温度が上昇すると液膨張する。もし容器が液で充満されると、少しの温度上昇でも液体の膨張によって著しく圧力が高くなり、容器が破裂する危険性がある。それで一定の充てん量が定められ、それ以上のガスを充てんできないようになっている。

　液化ガスの充てん量は次の算式で求められる。

$$G = \frac{V}{C}$$

G：液化ガスの質量〔kg〕、V：容器内容積〔L〕

C：液化ガスの種類により定められている定数（**表19**）

表18　LP ガス容器内の蒸気圧

外気温（℃）	蒸気圧（MPa）
0	0.37
10	0.53
20	0.73
30	0.97
40	1.25

表19　液化ガスの種類により定められている定数の値

液化ガスの種類	定数
液化エチレン	3.50
液化エタン	2.80
液化石油ガス	2.50
液化プロパン	2.35
液化プロピレン	2.27
液化ブタン	2.05
液化ブチレン	2.00

⑻　その他の容器

ア　LPガスバルク型容器

　プロパン、プロピレン、ブタン等のLPガスを充てんする大容量の容器（1,000Lを超える内容積で、充てん質量が3t未満の容器）の形状は**写真9**のように円筒横置型で定置式である。

イ　超低温液化ガス容器

　LNG（液化天然ガス）、液化エチレン、液化酸素等の超低温液化ガスを充てんする容器で、外部からの熱侵入を防ぐため、内槽と外槽との空間にスーパーインシュレーション断熱を施し真空排気してある。よく使用されている容器は内容積が175Lで、充てん質量は液化ガスの種類によって異なるが、LNGで60kg、液化エチレンで75kgとなっている。さらに運搬を容易にするためにスキッド式になった1,000 Lの大型容器もある。これらの容器は内槽と外槽の間が真空になっているため、取扱いは特に慎重にしなければならない。超低温液化ガス用の容器例として**図18**に構造図、**図19**にフロー図を示す。

写真9 LPガスバルク型容器（6,000/7,000L）

（出典：（一社）全国高圧ガス容器検査協会『高圧ガス容器再検査及び設備基準（LPガス編）』平成20年）

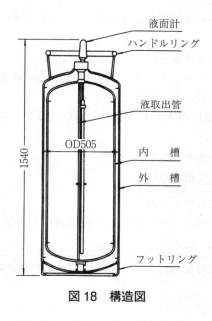

図18 構造図

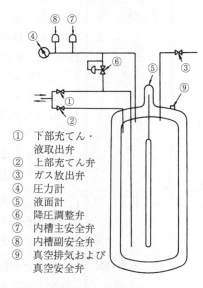

① 下部充てん・
　液取出弁
② 上部充てん弁
③ ガス放出弁
④ 圧力計
⑤ 液面計
⑥ 降圧調整弁
⑦ 内槽主安全弁
⑧ 内槽副安全弁
⑨ 真空排気および
　真空安全弁

図19 フロー図

4.1.2　ガス容器の取扱い

(1)　貯蔵等保管上の注意および順守事項

項　目	細　目	注　意　・　順　守　事　項
限 度 量	貯蔵・使用	合計容積が300㎥以上のときは、あらかじめ都道府県知事の許可を受けること（例えば7㎥容器であれば43本以上で届出（許可）が必要となる[注1]）。
置　場	1　構　造	1　建屋は、不燃性の材料で造られた構造とすること。 2　電気開閉器、換気装置、照明装置等の電気器具は防爆構造とすること。
	2　環　境	1　飛来、落下、倒壊物等の接触防止措置があるか、またはその発生のおそれのないこと。 2　火気、炉等着火源となる設備を近くに置かないこと。 3　ガソリン、油類、油のしみ込んだウエス等引火性、発火性または燃えやすい物を近くに置かないこと。 4　直射日光等で容器の温度が40℃以上にならないようにしておくこと[注2]。 5　通風または換気が十分なところであること。 6　配線・配電設備を近くに置かないこと。
措　置	1　区　別	1　容器はガスの種類別に区別しておくこと。 2　容器が空になった場合は、「空」または「使用済」と明記し、充てん容器と区別しておくこと。
	2　転倒防止	1　地震その他の振動または接触によって転倒しないよう、鎖、ロープ等で固定すること。 2　容器は立てておくこと。
	3　消火設備	有効な消火器を常備すること。
	4　標　識	「火気厳禁」「資格者以外取扱禁止」「管理責任者名」等を掲示すること。
点　検	定期点検	1　ガス漏れを定期的に点検すること。 2　ガス漏れ検知剤を常備し、いつでも点検できるようにしておくこと。
異 常 時	措　置	ガス漏れ等の異常を発見した場合はただちに緊急措置をとるとともに、上司に報告しその指示を待つこと。

(注1) 高圧ガス保安法第16条 「容積300立方メートル（当該ガスが政令で定めるガスの種類に該当するものである場合にあつては、当該政令で定めるガスの種類ごとに300立方メートルを超える政令で定める値）以上の高圧ガスを貯蔵するときは、あらかじめ都道府県知事の許可を受けて設置する貯蔵所（中略）においてしなければならない。（後略）」
(注2) 温度上昇防止のためには日よけをしたり、ボンベカバーを取り付ける等の方法がある。

(2) 運搬等移動上の注意および順守事項

項　目	細　目	注　意　・　順　守　事　項
条　件	1　容　器　弁	確実に締めておくこと。
	2　キャップ	確実に取り付けておくこと。
	3　圧力調整器等	取りはずしておくこと。
必須事項	1　衝撃防止	転がしたり、足で蹴ったり、引きずったり等衝撃を与えないこと。
	2　流出防止	溶解アセチレン、LGC、LPガス等の容器は立てて運ぶこと。
人　力	1　方　　法	両手を用い、容器を手前に約10〜15°傾け、容器の底縁を床上で回転させ移動させる。安全のため手押車を使用すること。
	2　手　　順	両脇をしめて容器の正面に立ち、左手で容器のキャップを軽く保持し、右手で容器の肩部を押さえ容器を手前に静かに傾ける。次いで容器の肩部の右手を外周に沿って左方向に押し、容器に回転を与えながら容器を左方向に移動させる。その逆もある。このとき人は横歩行の姿勢をとる。なお、回転はゆっくりと静かに行うこと。
車　両	1　専　用　車	移動が頻繁もしくは遠距離の場合、また安全のため、専用の車両を用いるようにすること。
	2　専用車以外の手押車、フォークリフトおよび動力車	1　キャップ部を架台に接触させないこと。 2　キャップ部を架台からはみ出させないこと。 3　容器とロープ等他の物との接触部には、緩衝材で保護すること。 4　横積み（酸素）の場合は、歯止めをすること。 5　鎖またはロープで固定すること。 6　トラック等での輸送には締付器等を用い確実に固定すること。 7　夏季、屋外を運搬する場合は、直射日光で容器温度が40℃以上にならないよう覆いをかけること。 8　荷台から床面に降ろす場合は緩衝板を敷き、底部から降ろすこと。
クレーン	1　玉掛け、作業指揮・合図等	1　キャップ部をワイヤロープに接触させないこと。 2　容器を移動、積込み等をする場合「容器かご」等で行い、1本吊りでは行わないこと。 3　ロープ掛け等の玉掛け作業は、玉掛け資格者によって行うこと。 4　作業指揮者を定め、あらかじめ手順、合図等を打合せの上行うこと。

	2　立入禁止	容器を吊り上げたり、移動する区域内には他の者は立入禁止とすること。
異常時	措　置	移動または運搬中に、容器弁の破損、ガスの流出等の異常が発生した場合は、ただちに緊急措置をとり、上司に報告しその指示を待つこと。

道路上を車両で運搬する場合の措置
1　適用法律：高圧ガス保安法（第23条）
2　措　置：イ　「高圧ガス」の積載標示　　　ホ　容器を40℃以下に保つ 　　　　　　ロ　「消火器」の備え付け　　　　ヘ　容器の転落・転倒を防止する 　　　　　　ハ　異常の措置を列記した文書　　ト　緊急防災工具の携帯 　　　　　　ニ　取扱責任者（資格者）氏名の表示　チ　イエローカードの携帯

(3)　使用上の注意および順守事項

項　目	細　目	注意・順守事項
設　置	1　通風・換気	1　通風、換気のよい場所で使用すること。 2　地下室、タンク内・船舶の二重底等に持ち込んで使用しないこと。
	2　設置場所	1　火気等を使用する場所およびその付近に設置し使用しないこと。 2　火薬類、危険物その他爆発性もしくは発火性の物や多量の易燃性の物を製造し、または取り扱う場所や、その付近に設置し使用しないこと。 3　油類、ガソリン、油ぼろ等の可燃物がある場所および付近では設置し使用しないこと。
	3　高所作業	1　容器の転落を防止するため、床面の確保および縄掛け等を十分に行うこと。 2　飛来・落下物等に対する防護しゃ覆を行うこと。
	4　屋外作業	1　夏季など直射日光によって容器の温度が40℃を超えないよう、シート等で覆いをすること。 2　長く露天に放置し、雨露をかけないこと。
	5　共通事項	1　振動、他のものとの接触等により転倒しないよう、ロープ、鎖等で保持すること。 2　溶解アセチレン、LPガス等の容器は常時立てておくこと。
操　作	1　容器弁の清掃	1　容器の口金は、よく清掃し、油類、ゴミ等を除去すること。 2　圧力調整器を取り付けるときは、専用ハンドルを用いて容器弁を30〜45°の開き角度で1〜2回開き、ガスを少量放出し、口金内のゴミ等を吹き払うこと。 　　このとき放出口が身体に向かないよう安全な方向にする。

操　作	2	容器弁の開閉	1　専用のハンドルを用い、ハンドルを左手で握り外に向って押し開くとき、その握り部を右の手のひらで軽く叩いてゆっくりと開くこと。 　　決してハンマー等を用いハンドルを叩いて弁の開閉をしないこと。 2　容器専用のハンドルは1容器1個とし、容器弁に取り付けたまま使用すること。使用中外したり、または他の容器弁の開閉に用いないこと。 3　酸素の容器弁は、使用中十分開いておくこと。 4　溶解アセチレンの容器弁は、1.5回転以上開けて使用しないこと。 5　いずれもゆっくり開けること。 6　ガスの使用を一時中止するときは、その都度容器弁を閉めること。
	3	加　　温	寒冷地等でLPガスの発生が悪く加温を必要とするときは、温水を用いること。 　この場合、容器表面積の20%以上を温水中に浸さないようにし、かつ容器温度は40℃を超えないこと。
	4	衝撃禁止	充びんはもとより、空の容器でも、ジグや加工物の台等に用いて衝撃を与えないこと。
	5	「使用済」法	容器を「空」にするときは、わずかのガスを残し、容器弁をよく閉めてキャップを取り付け、胴面にチョーク等で「空」または「使用済」と明記すること。
点　検	1	日常点検	「4.1.3　ガス容器の保守・点検」（68頁）を参照。
	2	法定検査	
異常時		措　　置	始業前、使用中および終業時、容器に異常を発見したときは、ただちに緊急措置をとり、上司に報告しその指示を待つこと。

4.1.3　ガス容器の保守・点検

　ガス溶接・加熱および切断作業を安全に行うためにはガス容器を常に正常な状態に保っておかなければならない。このために点検を行い、異常が発見された場合は直ちに使用をやめ、責任者に連絡し連絡し、指示を受けること。点検の頻度と内容について、（独法）労働者健康安全機構労働安全衛生総合研究所が発行する『ガス切断・ガス溶接等の作業安全技術指針（JNIOSH-TR-48：2017)』に基づいて以下に記載する。

(1)　日常点検

　1日1回、作業開始前に必ず行う。一般に容器のガス漏れは、弁のスピンドル部、容器と弁の取り付け部、弁のグランドナット、薄板安全弁、圧力調整器の取付け部などで起こりやすいため、漏れ検知液などによる点検を行う（圧力調整器の取付け部のガス漏れ点検は、容器のバルブを開いた状態にて行う）。またはガス漏れ検知器を使用し、上記箇所の付近にセンサーを近づけ、反応がないかを確認する。なお、ガス漏れ点検にマッチ、ライターなどの火気は絶対に使用しないこと。

(2)　法定検査

　製造経過年数に応じて設定された期限までに法定検査を受けなければならない。貸与品の場合は、販売店の定める期限までに返却する。購入品の場合は、耐圧試験（再検査）を行う機関へ依頼する。

4.2　ガス集合溶接装置

4.2.1　ガス集合溶接装置の種類および構造

　ガスを多量に使用する作業場では、作業場ごとにガス容器を用いていたのでは、作業の能率が上がらないうえに、容器も分散していて危険性も高い。そこでガス容器を1カ所に集め、容器を連結して使用圧力に減圧し、配管により作業場へガスを供給する方式がとられる。これを「ガス集合装置」といい、燃料ガス集合装置と酸素集合装置に分類される。とくに燃料ガス集合装置に安全器、圧力調整器、導管、吹管等を連結してガス溶接・溶断などを行うものを「ガス集合溶接装置」という。

　ガス集合装置には、容器の連結方法により2通りのものがある。1つは一定数の容器を枠組みし運搬、使用するもので、酸素、水素ガス等の比較的圧力の高いものに用いられる。もう1つは、容器の連結装置を固定し、容器を必要量に応じた数だけこの装置に連結し、使用するものである。前者を「カードル」、後者を「マニホールド」と呼んでいる（71頁参照）。

　ガス集合装置は、多数の高圧ガス容器を1カ所に集中して管理する方式であるから、正しく管理、使用されれば能率的であるが、その取扱いを誤ると災害につながる危険性が大きい。

　したがって、各種ガス容器および導管の取扱い方法を十分に熟知したうえで取り扱わなければならない。

⑴　燃料ガス集合装置

　燃料ガス集合装置は、**図20**に示すようにガス集合部と減圧部を直結して同一箇所に設置される。

　ガス集合部はガス容器連結管、連結用弁、配管および高圧ストップ弁から構成され、必要に応じてブロー弁などが取り付けられる。減圧部はストレーナ、圧力調整器、低圧ストップ弁、安全器などが配管によって連結されている。

　ガス集合装置に用いられるこれらの各器具は、機能および容量がその集合装置の用途に適合したものであることはもちろん、安全の面でも十分に考慮されたものでなくてはならない。とくにこれら部品の連結部は、十分な気密が保持されるように溶接するか、適したパッキンを使用しなければならない。

　アセチレンガス集合装置においては、銅または銅を70％以上含有する金属でつくられた器具、配管などを用いてはならない。

　燃料ガス容器が10本以上のもの、容器の全容量が400L以上の水素もしくはアセチレン、または1,000L以上の他の燃料ガスを用いたガス集合溶接装置には、主管および分岐管に安全器を設置すること（**図21**）。このとき、吹管1本に対し安全器が2つ以上となるように設置しなければならないことが、労働安全衛生規則で定められている。

　また、燃料ガス集合装置を設置する場所は、火気を使用する設備から5m以上離れている必要があり、定置式のものでは、専用のガス装置室に設置しなければならない。

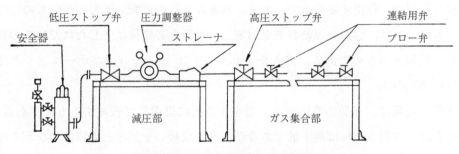

図20　ガス集合装置および付属設備

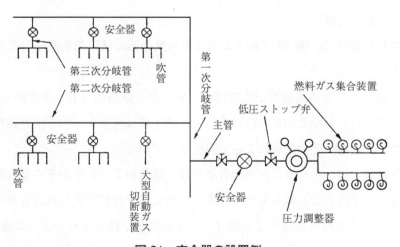

図21　安全器の設置例

(2)　酸素ガス集合装置

　酸素ガス集合装置は、**写真6**（50頁参照）、**図22**に示すマニホールド方式または、**写真10**および**図23**に示すカード方式が使用されている。マニホールド方式は、月間消費量が約200〜2,000㎥程度の職場で多く使われ、通常、10本組2系列程度で構成される。カード方式は通常、毎月の消費量が約1,000〜5,000㎥のところで用いられ、酸素容器25〜30本程度のものが採用されている。

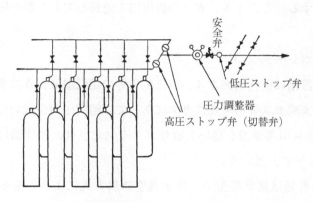

図22　マニホールド方式

写真10　酸素ガス集合装置（カードル方式）[3]

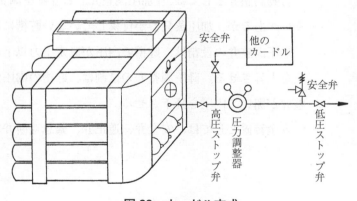

図23　カードル方式

(3)　超低温液化ガス集合装置

　ガスの使用量が多い場合、超低温液化ガス容器を2本以上集合主管に接続して用いることがある。一般的によく用いられている超低温液化ガス容器の内容積は175Lであるから、可燃性ガスの超低温液化ガス容器を6本以上接続してガス溶接・溶断作業に使用するとガス集合溶接装置として労働安全衛生規則による規制を受ける。

　接続の方法は種々あるが、一例として、それぞれの容器の液取出口を集合主管に連結したフレキシブルチューブと接続し、各容器の液取出弁から液を取り出し、蒸発器で液を気化させて使用する。このとき、ガスの放出口を連結して各容器の圧力を均圧にしておく。

(4)　コールドエバポレータ（CE）

　超低温液化ガス貯槽に液化天然ガス、液化酸素等の超低温液化ガスを貯蔵し、これを加圧蒸発器（液化天然ガス等の可燃性ガスにあっては消費圧力が低いため、付属しないものが多い）、送ガス用蒸発器を用いて液化ガスを気化させ、消費側に圧送する装置を「コールドエバポレータ」という。

　超低温液化ガス貯槽は通常縦型で、粉末真空断熱方式により外部からの熱侵入を防ぎ、自然蒸発損失が極めて少なく、所定の圧力で必要量のガスを安全に供給できるように各種自動調整弁や安全装置が装備されている。

　自動調整弁としては、「加圧調整弁」と「降圧調整弁」（節約弁、エコノマイザともいう）があるが、加圧蒸発器が付属していない貯槽には加圧調整弁も付属していない。

　加圧調整弁の役割は、貯槽の内圧が設定圧力以下になれば自動的に調整弁が開いて内圧を上昇させる。降圧調整弁の役割は、貯槽の内圧が設定圧力以上になれば自動的に調整弁が開いて内圧を降下させる。

　安全装置としては、安全弁、逆止弁、緊急遮断弁等が装備されている。

(5)　ベーパライザ

　液化ガスを加温し、気化に必要な熱量を与えて気化させる機器で、熱媒体の与え方によって「強制加温式」と「大気熱交換式」に分類される。ここでは気化した圧力が1MPa 未満のものについて述べる。

ア　強制加温式

　蒸発筒周囲の水を電気ヒータで加熱し、温水により LP ガスを気化させる構造で、熱交換器部と温水製造部が一体化されている。気化圧力調整弁によりベーパライザ内の圧力を常に 1MPa 未満になるように制御している。**図 24** は強制加温式の構造例である。

イ　大気熱交換式

　大気の保有する熱エネルギーとの交換により液化ガスを気化させるもので、主として LNG や液化エチレン、液化酸素などのように、大気温度との差が大きい超低温の液体を気化させるのに使用される。LP ガスでも液減圧弁を用いて液の飽和温度を下げることによって、LNG などに比べると効率は悪いが使用可能である。この方式の最大の特徴は熱源がいらないことである。**写真 11** は大気熱交換式の設置例である。

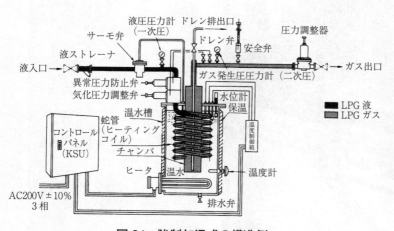

図 24　強制加温式の構造例

写真 11　大気熱交換式の設置例

⑹　現場設置型ガス混合装置

　LNG と LP ガスのように沸点差が極端に大きい液化ガスは、液化混合ガスとしてボンベやタンクに充てんすることは非常に困難である。したがって、これらの混合ガスを供給する場合には、消費現場の近くに混合装置を設置して、それぞれのガスを気化させた後に混合して配管で供給している。この混合方式を「現地混合方式」と呼んでいる。現地混合する場合、ガス比重が空気より軽くなるように混合比率を設定することはもちろん、比重の重いほうのガスが単独で流れないような構造になっていることが要求される。

　混合方式は、制御方式によって「自力制御方式」（**写真 12**）と「他力制御方式」（**写真 13**）に区別される。自力制御方式は、検出部および操作部に電気・空気などの外部エネルギーを一切使用せず、混合するガスの流体エネルギーを利用した完全自力制御の混合方式である。一方、他力制御方式は、検出部から発信される電気信号を定比率になるように演算して操作部に送り、電気・空気等の駆動源を用いて弁をコントロールし、流量比によってガスを混合する方式である。

写真 12　自力制御方式の設置例

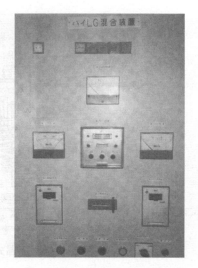

写真 13　他力制御方式の制御盤

(7)　PSA 酸素ガス発生装置

　合成ゼオライト等の吸着剤を用いて、空気中の窒素を吸着し、酸素を濃縮する PSA (Pressure Swing Adsorption) 方式による酸素発生装置である。そのプロセスは、原料空気を PSA ユニットに導入し、プレッシャースイング操作により逐次空気中に含まれる水分、窒素ガス、アルゴンガス、炭酸ガスなどが充てん吸着剤により取り除かれ、90vol％以上の高濃度酸素ガスを発生させることができる。**図 25** はその系統図である。

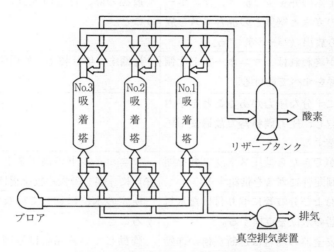

図 25　PSA 酸素ガス発生装置系統図

4.2.2　燃料ガス・酸素集合装置の取扱い

(1)　燃料ガス集合装置（マニホールド）

項　目	操 作 要 領	注 意 事 項
準　備	水封式安全器の水位を点検する。	所定の水位に達していないときは給水すること。
取付け	容器をマニホールドの両側に取り付ける。	1　取付けの際、パッキングを点検し不良品は取り替えること。 2　締枠を完全に取り付けること。
放　出	容器1本の弁を少し開き、マニホールド内のガスと空気との混合ガスを放出弁から放出（パージ）する。	放出の際、付近の火気に十分注意を払うこと。
開　弁	放出が終われば、マニホールド片側の容器弁をすべて開ける。	片側ずつ切り替えて使用すること。
調　圧	使用に十分な圧力があることを圧力計で確認し、圧力調整器で最適使用圧力に調整する。	
供　給	調整ができたら低圧ストップ弁を開き二次側配管にガスを供給する。	マニホールドの高圧ストップ弁（切替弁）に「開」の表示板を掲げること。
安全器	主管および分岐管に取り付けた水封式安全器の水位を点検する。 乾式安全器の場合は遮断機構が作動していないことを確認する。	所定の水位に達していないときは給水すること。 作動している場合は原因を調査し、解決した後、復元すること。
停　止	溶断用ゴムホース元弁（供給弁）、配管側枝管弁、主管弁、低圧ストップ弁、圧力調整器、高圧ストップ弁（切替弁）、連結管ネック弁および容器弁を閉め、圧力調整器ハンドルを緩めておく。	1　昼食時、終業時等作業を長く休止するときは供給停止の措置を行うこと。 2　供給時に掲げた「開」の表示板は、「閉」の表示板と取り替えること。
共　通	バルブまたはコック（弁等）の開閉は常に静かに手で行い、ハンマー等の工具で衝撃を与えて開閉しない。	1　ハンマー等の工具の使用禁止。 2　袋ナット部のねじ込みはねじ山、平行角度を合わせて行い、ねじ込みによる摩耗のないよう十分注意すること。

(2) 酸素ガス集合装置

項　目	操　作　要　領	注　意　事　項
供　給	1　架台の連結管に容器を取り付ける（マニホールドのみ）。	1　連結管に無理な力がかからないように取り付けること。 2　容器の転倒を防止するため容器に鎖等をかけておくこと。
	2　圧力計元弁および連結管ネック弁を開ける（マニホールドのみ）。	圧力計元弁に「開」の表示板を取り付けること。
	3　圧力調整器の圧力調整ハンドルを左に回して緩める。	使用しないとき必ず圧力調整ハンドルを緩めておくこと。
	4　高圧および低圧のストップ弁が閉めてあるかを確認する。	前回停止時に閉めてあるはず。
	5　個々の容器弁をゆっくりと開ける。	高圧圧力計の異常の有無と圧力指示を確認すること。
	6　高圧ストップ弁を静かに開ける。	圧力調整器の高圧圧力計が正常な圧力を指示していることを確認すること。高圧ストップ弁に「開」の表示板を取り付けること。
	7　圧力調整器の圧力調整ハンドルを右に回し、使用圧力に調整する。	低圧側の圧力が安定しているかを確認すること。
	8　低圧ストップ弁をゆっくりと開ける。	流量オーバーにならないようにする。 低圧ストップ弁に「開」の表示板を取り付ける。
停　止	1　使用していた高圧ストップ弁を全閉する。	圧力調整器の一次側圧力の低下を確認すること。
	2　圧力調整器の圧力調整ハンドルを左に回して緩める。	
	3　低圧ストップ弁を全閉にする。	供給時取り付けた「開」の表示板を「閉」に取り替えること。
	4　個々の容器弁を全閉する。	短時間停止する場合は開いたままでよい。
切替え（容器群）	1　圧力調整器の圧力調整ハンドルを左に回して緩める。	
	2　使用していた群側の高圧ストップ弁を閉める。	バルブの閉止は、静かに行うこと。
	3　反対群（新たに使用する側）の高圧ストップ弁を開く。	1　高圧ストップ弁を開くときは、とくにゆっくりと行うこと。 2　圧力計に異常がないことを確認すること。
	4　圧力調整器の圧力調整ハンドルを右に回し、使用圧力に調整する。	調整圧力は、異常がないことを定期的に確認すること。

4.2.3　ガス集合装置の保守・点検

　ガス集合装置は容器や導管だけでなく、安全器、圧力調整器、吹管等を連結している場合もある。ガス集合装置を構成する各機器の保守・点検の項目に従い実施しなければならない。

　また、ガス溶接装置を使用して業務を行う場合は、消費設備の使用開始時、業務中、使用終了時に異常の有無を点検することが定められている（一般高圧ガス保安規則第60 条第 18 号）。241 頁参照。

4.3 圧力調整器および圧力計

　ガス溶接等の作業に使用されている酸素および燃料ガスは、ガス容器またはガス集合装置から供給される。しかし、これらのガスの容器内圧力は、作業で必要とする圧力よりもはるかに高く、そのまま吹管に供給することはできない。また、使用中に圧力が変動し、正しい作業ができなくなる場合がある。したがって、溶接や溶断を安全に行うためには、容器内の高い圧力を減圧して作業に適した圧力に保持し、一定の圧力で吹管に酸素および燃料ガスを供給しなければならない。

　このガスの減圧および圧力保持のために用いられるのが「圧力調整器」で、ガス圧力を示すのが「圧力計」である。ガス溶接・溶断作業に使用されている圧力調整器は JIS B 6803「溶断器用圧力調整器及び流量計付き圧力調整器」として規格化されている。圧力調整器は、構造が複雑であるため、品質の安定したものを使用する必要がある。市販の圧力調整器には、上記 JIS 規格と同等の性能を有し、品質が安定している一般社団法人日本溶接協会に認定された認定品（JWA マーク入りの製品）がある。

　圧力調整器は、前述のごとく圧力を減圧し、入口圧力が変化しても出口圧力を一定にするものであり、ガスを使用する機器には多く使用されている。ガス溶断作業においては省力化が進められており、自動機器が多く使用されるようになってきた。これらの機器にも圧力調整器が組み込まれており、定期的な保守が必要である。

4.3.1 圧力調整器の種類

(1) 圧力調整器の種類および構造

　圧力調整器は、使用ガス、取付け位置（容器、配管、集合装置、自動機器など）、減圧方法などによって、各種に分類されているが、その基本的な構造および作動原理には大差はない。

　図 26 に容器用圧力調整器の基本的構造を示す。圧力調整器は、本体、高圧・低圧圧力計、圧力調整ハンドル、大スプリング、ダイヤフラム、弁、入口継手（取付ナット、取付ねじ、取付金具など）、出口継手（ホース継手台）などから構成されている。

　圧力調整器の故障による異常圧力上昇での破裂を防止するため、一次圧力が高い酸素用圧力調整器には、安全弁を設けている。圧力調整器にも、吹管などと同様、ノズル形（正圧式：通称ドイツ式）とステム形（逆圧式：通称フランス式）の2形式がある。

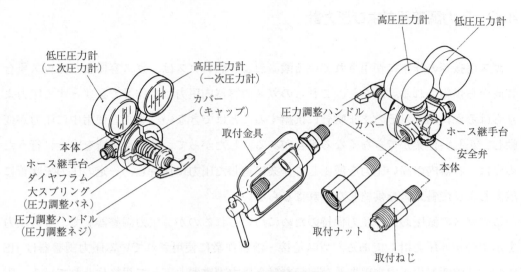

図 26　圧力調整器の構造

　ノズル形は形状が複雑になるため、現在はほとんど使用されていない。また、特殊用途には、減圧機構を2組持つ二段式調整器もあり、ガス溶断作業では高度の制御を必要とする自動機器に用いられることがある。

　また、前述のとおり取付位置によって、容器用と配管用がある。容器用は容器圧力を確認するための高圧圧力計と調整圧力（使用圧力）を確認するための低圧圧力計が取り付けられている（LPガス用はLPガスが液化ガスであるため取り付けられていない）。一方で配管用の圧力調整器は、一般的に配管供給圧力が1MPa未満であり、基本的に大きく変動しないため、高圧圧力計が取り付けられていない。また、同じガスでも容器用と配管用では入口形状が異なっており、互いに間違えて接続することができないようになっている。

(a) 酸素用圧力調整器

容器用の酸素用圧力調整器を**写真 14** に示す。一般的にはステム形（逆圧式：通称フランス式）一段圧力調整器が使用される。酸素容器の場合、関東以北の地区と関西以西の地区では、容器弁のねじにおねじ（ドイツ式）とめねじ（フランス式）の違いがあるため、それに対応した取付ナット（ドイツ式）、または、取付ねじ（フランス式）形状の入口継手を持つ圧力調整器が必要となるので注意が必要である。容器との取付部は、ねじはいずれも右ねじである。同様に出口継手も右ねじである。酸素用圧力調整器で最も重要なことは、禁油処理が行われていることであって、他のガス用圧力調整器を使用してはならない。

配管用の酸素用圧力調整器を**写真 15** に示す。容器用との違いは高圧圧力計がなく、入口継手形状（サイズ）が異なっている点である。

写真 14　容器用酸素用圧力調整器（左：フランス式、右：ドイツ式）[1]

写真 15　配管用酸素用圧力調整器[1]

(b) アセチレン用圧力調整器

　アセチレン用圧力調整器は、内部のダイヤフラム、弁部等のゴム材として耐アセチレンおよび耐溶剤（アセトン、DMF）性のものを使用している。

　写真 16 に容器用のアセチレン用圧力調整器を示す。容器との接続を行う入口継手は、通常、鉄枠、万力状ガットまたは馬とも呼ばれる特殊な取付け金具が使われる。出口継手は左ねじである。

　写真 17 に配管用のアセチレン用圧力調整器を示す。容器用との違いは高圧圧力計がなく、入口継手形状が異なっている点である。

写真 16　容器用アセチレン用圧力調整器 [1]

写真 17　配管用アセチレン用圧力調整器 [1]

(c) LP ガス用圧力調整器

　LP ガス用圧力調整器は、内部のダイヤフラム、弁部等には LP ガスに対して耐性の
あるゴムを使用している。**写真 18** に容器用の LP ガス用圧力調整器を示す。

　容器との接続を行う入口継手のねじは、**図 27** のおねじ（左ねじ）で、他の容器には
取り付けられないようになっている。出口継手も左ねじである。通常、高圧圧力計は取
り付けられていない。

　写真 19 に配管用の LP ガス用圧力調整器を示す。容器用との違いは入口継手形状が
異なっている点である。

写真 18　容器用 LP ガス用圧力調整器[1]　　　　**写真 19　配管用 LP ガス用圧力調整器[1]**

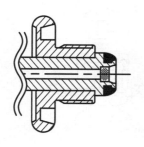
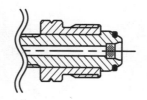
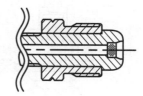

図 27　容器取付けねじ

(2)　圧力調整器の作動原理

　圧力調整器による圧力調整は、大小2つのスプリングの力と、ダイヤフラムに加わる二次圧力とのつり合いによって行われている。

　圧力調整器の作動原理について、ステム形圧力調整器を例にとって**図28**に示す。

①　圧力調整器を容器に取り付け、容器弁を開いたときの状態を示す。

②　圧力調整ハンドルを右回転させて弁を開き、二次室にガスが入った状態を示す。

③　②の次の瞬間を示したもので、二次室の圧力が高まり、ダイヤフラムが押し上げられ、弁が閉まった状態を示す。

④　出口の弁を開いて、ガスが流れる状態を示す。この図において、二次側の圧力が低下すると、ダイヤフラムを押す力が小さくなり、大スプリングの力はこの力よりも大きくなって、弁が開き、その結果、ガスが二次室に流れこみ、二次室の圧力を高める。反対に、二次室の圧力が上がると、ダイヤフラムを押す力が大きくなり、大スプリングによる力がダイヤフラムの力よりも小さくなり、弁が閉じる方向に動く。

このようにして圧力制御が行われる。

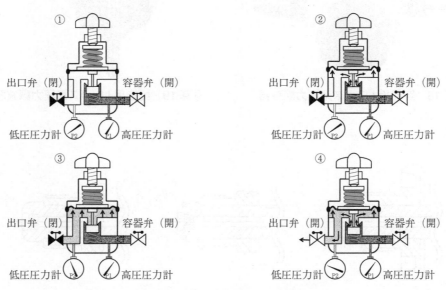

図28　圧力調整器の作動原理

4.3.2　圧力計

　容器用の圧力調整器には、普通、入口圧力（一次圧力）と出口圧力（二次圧力）を示す2個の圧力計が取り付けられている。圧力調整器に用いられている圧力計は、ブルドン管圧力計であって、その内部構造の概略は、**図29**に示すとおりである。おもな構成部品は、ブルドン管と、ブルドン管の変位を拡大指示するための内機（拡大機構部）、接続ねじを含む株、指針などである。

　ブルドン管は、断面が楕円または扁平形の金属管を半円形の曲管に加工したもので、このブルドン管にガス圧力が加わるとその楕円などの断面形状が円形に近づき、曲管が伸長する。このとき、ブルドン管の先端の動きは、圧力に比例して直線的に動くようになっている。圧力計は、この動きを利用して圧力を指示するもので、内機（拡大機構部）は、指針にブルドン管の動きを伝えるものである。

　圧力調整器の圧力計など、工業用圧力計の目盛は、大気圧を0として大気圧との差圧を示しており、「ゲージ圧力」と呼ばれている。このほか、真空状態を基準として測定した圧力を「絶対圧力」と呼び、圧力を理論的に取り扱うときに用いられる。絶対圧力とゲージ圧力との関係は、次に示すとおりである。

　絶対圧力＝ゲージ圧力＋大気圧（1気圧で0.1013MPa）

　圧力計の性能は、JIS B 7505-1に規定されている。

　圧力計に異常圧力がかかりブルドン管が破裂した場合の外わく等の飛散防止策として、圧力計の背面に逃がし穴が装備されている場合がある。

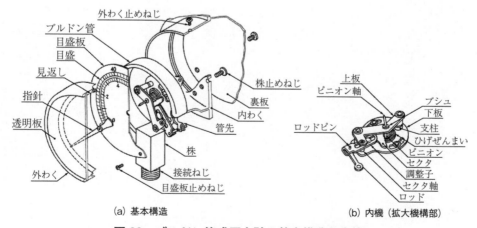

（a）基本構造　　　　　（b）内機（拡大機構部）

図29　ブルドン管式圧力計の基本構造と内機

（出典：（社）計量管理協会編『圧力の計測』コロナ社、P.41、1987）

4.3.3　圧力調整器および圧力計の取扱い

(1)　保管上の注意および順守事項

項　　目	細　　目	注　意　・　順　守　事　項
原　　則	1　長期間	長期間使用しないまま放置しないこと。
	2　油類の塗布	どのような場合でも、注油または油類・グリースなどを塗布しないこと。
防じん等	1　長期保管	長期間保管しようとするときは、ビニール袋等に入れて密閉し、ダンボール箱等に入れ、粉じん、腐食性ガス等に触れないところに格納保管すること。
	2　日常保管	日常の保管は、粉じん、腐食性ガスのない場所を選び専用の格納器に入れ、他の圧力調整器と混在接触しないように保管すること。
点　　検	1　日常点検	「4.3.4　圧力調整器の保守・点検」（89頁）を参照。
	2　定期点検	
	3　メーカー定期点検	
異常時	措　置	異常を発見したときは、故障と表記し、上司に報告し、上司の指示を待つこと。

(2)　使用上の注意および順守事項

項　目	細　目	注　意　・　順　守　事　項
清　潔	1　手袋の使用	1　取扱いは、清潔な手袋を用いること。 2　油や汚れのついた素手や手袋等で扱わないこと。
	2　保持方法	圧力調整器の本体を右手でしっかりと指を開いてつかみ、左手で圧力調整器の反対側から支える。入口継手のねじや出口継手のねじに指や手を触れないように持つこと。
	3　容器弁充てん口（口金）の清掃	圧力調整器を容器に取り付けるときは、あらかじめ容器弁充てん口を清掃し、油分およびゴミ等を取り除くこと。酸素容器は容器弁を軽く2〜3回開閉してガスを放出し、容器弁充てん口のゴミを吹き飛ばす。
器　種	1　式　別	容器取付部の確認と操作方法の違いを確かめること。
	2　種　別	酸素用、溶解アセチレン用またはLPガス用等、それぞれ専用の圧力調整器を用いること。
	3　ねじ方向	酸素用は右ねじ、可燃性ガス用は左ねじであるので、間違えないこと。
取付け	1　圧力調整ハンドル	圧力調整ハンドルを左（反時計方向）に回し、大スプリングを緩め、圧力調整器内の弁を閉じておくこと。
	2　向　き	1　安全弁の向きおよび圧力調整器出口を容器の肩に向けないこと。 2　圧力調整器出口は、溶断用ゴムホースが折れ曲がるような位置にしないこと。
	3　酸素用圧力調整器およびLPガス圧力調整器の取付け	1　指の力で取付ナットまたは取付ねじを閉まるところまで締め、次に専用のスパナを用い、確実に締めること。このとき、過度の締付けはしないこと。 2　ねじの掛かり具合が悪いときは、ねじ山の傷、変形またはゴミ等が原因なので無理に締めてはならない。点検、清掃の上、取り付け直すか、傷等の場合は、ねじ不良として措置すること。
	4　アセチレン用圧力調整器の取付け	この圧力調整器は、専用の取付金具（ガット）を用い、圧力計が見やすい位置に来るように取り付ける。この場合、取付金具の締付けハンドルは手の力で回して締め付け、ハンマ等で叩いて締めないこと。
	5　位　置	取付け者は、圧力計の正面に立たず、圧力調整器に対して斜めに立って操作する。

清　掃	圧力調整器内清掃	圧力調整器の取付け終了後、容器弁を開き、次に圧力調整ハンドルを右に回して圧力調整器出口のゴミを吹き払う。
圧力調整	酸素および燃料ガス	あらかじめ所定の圧力に調整するが、途中、圧力の加減を要するときは、圧力調整ハンドルを回して行う。この場合、必ず吹管のバルブを閉じて行うこと。
消　火	1　作業の中断	容器弁を閉じ、吹管の弁を開き圧力調整器内のガスを放出し、圧力計がゼロになったら吹管の弁を閉じ、次いで圧力調整ハンドルを左に回し、大スプリングを緩め、ガスを放出し、圧力調整器内の弁を閉じておくこと。
	2　作業の終了	吹管、溶断用ゴムホースの取り外しとともに、圧力調整器も容器から取りはずし、所定の場所に格納すること。
故　障	圧力計	容器弁を閉止して圧力を抜いても圧力計の針がゼロを指さないときは故障なので、ただちに不良と表記し、正常なものと取り替えること。

4.3.4 圧力調整器の保守・点検

ガス溶接・加熱および切断作業を安全に行うためには圧力調整器を常に正常な状態に保っておかなければならない。このために点検を行い、異常が発見された場合は直ちに使用をやめ、機能復帰や新品への交換を行わなければならない。点検の頻度と内容について、『ガス切断・ガス溶接等の作業安全技術指針（JNIOSH-TR-48：2017)』に基づいて以下に記載する。

(1) 日常点検

1日1回、作業開始前に必ず行う。点検項目は以下のとおり。

ア　外観検査

目視にて下記の確認を行う。

① 圧力調整器の本体やカバーにひび割れや腐食がないこと。

② 入口継手、出口継手、圧力計に破損、変形がないこと。

③ 入口継手と容器の接続部およびねじに傷、変形、異物の付着がないこと。

④ 圧力計の指針がゼロ点に戻っていること。

イ　気密試験

圧力調整器の各接合部に外部への漏れがないか（気泡が発生しないか）、漏れ検知液などにより確認する。

圧力調整器を容器に取り付け、圧力調整ハンドルが緩んでいる状態で容器弁を開きガスを供給し、次の箇所から漏れがないか確認する（図30）。

① 入口継手ねじ込み部

② 高圧圧力計ねじ込み部

③ バックキャップねじ込み部

④ 出口（出流れ）

出口を閉塞した状態で圧力調整ハンドルを操作し、次の箇所から漏れがないか確認する。

⑤ 本体とカバーのねじ込み部

⑥ 低圧圧力計ねじ込み部

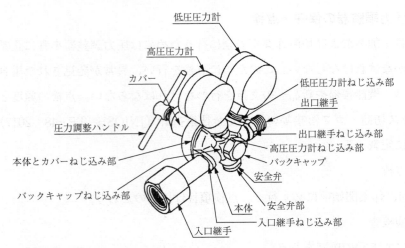

圧力調整器の種類や構造によっては、バックキャップや安全弁がないものもある。

図30　圧力調整器のガス漏れ点検箇所

（出典：（一社）日本溶接協会（一部改変））

　　⑦　出口継手ねじ込み部

　　⑧　安全弁部

(2)　定期点検

　日常点検に加えて1カ月に1回は次の点検を行う。

　ア　使用圧力範囲の確認

　圧力調整器にガスを供給し、圧力調整ハンドルを開く方向へ回し、その圧力調整器の最高使用圧力までの設定が正常に行えるか確認する。また、最高使用圧力未満で安全弁が作動し、ガスが漏れないか確認する。

　イ　高圧圧力の低下有無の確認

　使用状態でガスを流し、高圧圧力計が低下しないか確認する。圧力の低下がある場合、入口側のフィルタの目詰まりの可能性がある。

(3)　メーカー定期点検

　製造から7年を超えるものは、必ずメーカーまたはメーカーが指定する事業所（者）で再検査を受けなければならない[注]。未使用で長期保管されていたものについても同様である。

　(注)『ガス切断・ガス溶接等の作業安全技術指針（JNIOSH-TR-48：2017)』による。

4.4　導管

　「導管」とは、燃料ガス容器、酸素容器などのガス供給源から、吹管までガスを送る管のことをいう。導管には、通常、鋼管と溶断用ゴムホースが使用されている。ガス集合装置などのように固定されたガス供給源からの導管には、鋼製の配管が用いられ、配管ヘッダーや容器に取り付けられた圧力調整器から吹管までの間には、溶断用ゴムホースが用いられる。同様に、自動切断機の機上配管等にも溶断用ゴムホースが用いられる。

4.4.1　導管の種類および構造

　導管を構造部別に分けると、すでに述べたように、配管および溶断用ゴムホースに分類される。

　そのいずれにおいても導管の径は、消費されるガスの量に十分応じたものでなければならない。もし、導管の径が細すぎると圧力の損失をまねき、必要量のガスを供給することが困難となり、ガス溶接・溶断作業を阻害する結果をまねくことになる。

(1)　配管

①　通常、可燃性ガスの配管は鋼管が用いられる。低圧酸素では鋼管を使用するが、高圧酸素の配管では銅管やステンレス管を用いる。

②　アセチレン用配管はアセチレンが銅や銀と反応して、銅アセチリドや銀アセチリドという爆発性の化合物を作るので、銅または銅を70%以上含む銅合金を使うことが禁じられている。

③　ガス集合溶接装置の主管および分岐管には、1つの吹管について、2つ以上となるように安全器を設ける。

④　水用や圧縮空気用の配管と区別するため、ガスの種類に応じて容器の塗装と同じ塗装を施すとよい。

⑵　溶断用ゴムホース

　ホースの構造は内面の層、補強層および外面層からなり、その種類は内面ゴム層の厚さにより区分されている。また、ホースに使用するガスを識別するために外面ゴム層に**表 20** に示す色がつけられている。

表 20　ガスの種類と記号および色識別（JIS K 6333）

ガスの種類の記号	ガスの種類	外面ゴム層の色
ACE	アセチレンおよび他の燃料用ガス （LPG、MPS、天然ガスおよびメタンは除く）	赤
OXY	酸素	青
SLD	空気、窒素、アルゴン、二酸化炭素	緑
LMN	LPG、MPS、天然ガス、メタン	オレンジ
AFG	アセチレン、LPG、MPS、天然ガス、メタンおよび他の燃料ガス	赤とオレンジ

4.4.2　導管の取扱い

（1）　配管

① 配管はガス溶接等の作業に必要なガス量を十分供給できるだけの太さのものを使用すること。

② 配管には適当な箇所に仕切弁、ドレインの堆積する可能性がある場合はドレイン抜き弁またはドレイン栓を取り付ける。また必要に応じて圧力区分ごとに安全弁を取り付けておくこと。

③ アセチレンの配管およびその付属器具には銅管または銅を 70％以上含む銅合金を用いてはならない。

④ 酸素と可燃性ガスまたは他の配管とを間違えないように、色分けや適切な表示を施しておくこと。

⑤ 配管の高さや位置、他の配管や電気配線との距離を確保する。

⑥ 酸素用の鋼管内部に金属粉などの異物があると、発火燃焼するおそれがあるので、配管内の異物は排除しておく。

(2)　ゴムホース

項　　目	細　　目	注　意　・　順　守　事　項
保　　管	1　長　　期	1　長期間使用しないまま放置しないこと。 2　長期間保管する場合は、ビニール袋等に入れて密封し、粉じんや高い湿気に触れない場所に格納保管すること。
	2　日　　常	粉じんや湿気のない場所に、所定の格納場所を定め、コイル状に巻いて格納する。他の物の上に置いたり、物を上に載せたりして接触させないこと。
使　　用	1　老　　化	古くなるにつれ、硬化し、亀裂、割れ、折れ等が生じやすくなり、ガス漏れを起こす危険があるので、長期間使用し、老化したものは廃棄すること。
	2　油　　類	新しい溶断用ゴムホースが固くて取付けが困難であるからといって、油類を塗布しないこと。溶断用ゴムホースを熱湯につけ、温めると取付けは容易となる。
	3　削　　り	溶断用ゴムホースの内角面をナイフ、ヤスリ等で削らないこと。
	4　内部清掃	溶断用ゴムホース内部の異物を取り除く必要が生じた場合は、窒素または水気や油気のない清浄な空気を用いてブローする。
	5　種　　別	酸素用溶断用ゴムホースは青色、燃料ガス用は赤、オレンジ色、または、赤とオレンジ色であるので、間違って使用しないこと。
	6　寸　　法	溶断用ゴムホースは口径の異なるものがあるので、圧力調整器、吹管に適合する口径寸法のものを使用すること。
	7　取　付　け	圧力調整器出口やヘッダー取出口（乾式安全器が取り付けられている場合は乾式安全器出口）と吹管を接続する場合、ホース口ナットにホース口を差し込んだ状態でホース口を溶断用ゴムホースいっぱいに挿入し、ホースバンド等の締付具を用いて確実に取り付けること。酸素用のホース口ナットのねじは右ねじであり、燃料ガス用のホース口ナットは左ねじである。一般的に左ねじのホース口ナットには六角部にV溝が付けられており、外観から容易に識別できるようになっている。

	8 移　　動		作業場所につくとき、または移動するときは、溶断用ゴムホースを輪にして保持し、床上を引きずったり、物に接触させながら行わないこと。
	9 防　　護		溶断用ゴムホースが通路等を横切ったり、材料や加工物と接触するおそれのある場合は、ホース保護板またはホースアーチ等を用いて溶断用ゴムホースを防護すること。**写真20、図31**（96頁）にその一例を示す。
	10 休　止　中		作業を休止するときは、ホーススタンドまたはホースハンガーに溶断用ゴムホースを掛けておくこと。溶断用ゴムホースを容器に掛けたりしないこと。
	11 終　　了		溶断用ゴムホースは、吹管および圧力調整器から外し、所定のところに格納すること。
特　　例	名　　札		ヘッダー取出口または容器を同一場所で2個以上使用するときは、ヘッダー取出口または容器ごとに使用する者の名札を取り付けること。
点　　検	1 定期点検		「4.4.3　導管の保守・点検」（97頁）を参照
	2 検　査　法		
	3 削　　除		ホースバンド等の締付具による傷または継手部の老化による傷等が発見されたときは、ただちにその部分を切断削除すること。

写真20　溶断用ゴムホースの取扱い例

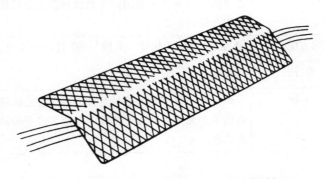

図31　通路上の溶断用ゴムホースの保護板

4.4.3 導管の保守・点検

ガス溶接・加熱および切断作業を安全に行うためには導管を常に正常な状態に保っておかなければならない。このために点検を行い、異常が発見された場合はただちに使用をやめ、機能復帰や新品への交換を行う。点検の頻度と内容について、「ガス切断・ガス溶接等の作業安全技術指針（JNIOSH-TR-48：2017)」に基づいて以下に記載する。

(1) 配管

　ア　定期点検

　　(a)　1年に1回以上の自主検査を行い、漏れのないことを確認する。

　　(b)　常用圧力の乾燥空気または窒素ガスを配管内に封入する。

　　(c)　圧力計の指示値または漏れ検知液などでフランジ接続部や他の接続部から漏れのないことを確認する。

(2) ゴムホース

　ア　日常点検

　　(a)　始業時に圧力調整器や吹管との接続都に漏れ検知液などを塗布して漏れのないことを確認する。

　　(b)　ホースを手で曲げたときに亀裂がないか、内層をのぞきこみ、すすの付着・逆火痕がないかなどを確認する。

　イ　定期点検

　　(a)　日常点検に加えて1カ月に1回は吹管とともに**写真 21** に示すように水没させて窒素ガスまたは油気のない乾燥空気を用いて漏れのないことを確認する。

　　(b)　ホースの劣化が進んでいないか確認する。

　ウ　メーカー定期点検

　ホースはほかの器具と異なり、分解して不具合のある箇所だけを取り替えることができないため、メーカーの定期点検は必要としない。ただし、使用に際して何らかの不都合がある場合は、メーカーの助言を求める。

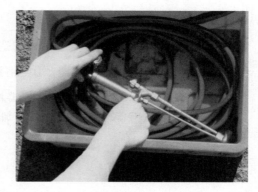

写真 21　吹管、溶断用ゴムホースの漏えい点検の例

4.5　吹管

4.5.1　吹管の種類および構造

　導管によって送られてきた燃料ガスと酸素を適正な割合に混合させ、その先端の部分に火口を取り付け、作業に適合したガス炎をつくる道具を吹管（トーチまたはブローパイプ）という。ガス炎を用いる金属加工技術は、ガス溶接等の作業用だけでなく、ガウジング、スカーフィング、ガス圧接、炎焼入れなど各種の作業目的に適合した多種多様な吹管が使用されている。このうち、ガス溶接吹管、ガス切断吹管などは、JIS B 6801「手動ガス溶接器、切断器および加熱器」として規格化されている。この JIS 規格と同等の性能を有する品質の安定した製品として、市販のガス溶接器やガス切断器には、一般社団法人日本溶接協会に認定された認定品（JWA マーク入りの製品）がある。

　さらに、自動機器用の吹管等も多く使用されている。

(1)　手動ガス溶接器

　ガス溶接に使用するものを手動ガス溶接器と呼び、使用するアセチレンガスの供給圧力によって、低圧用溶接器と中圧用溶接器とに分けられる。

　ア　低圧用溶接器

　低圧アセチレン発生器から供給されるアセチレンのように、その圧力が 0.007MPa（水柱 700㎜）未満の低い場合に用いられる溶接器である。この溶接器の特徴は、ガス混合部（ミキサ）に、酸素の流れによって低圧の可燃性ガスを吸引できるようにしたインジェクタ構造を備えていることである。インジェクタには、**図32**、**図33** に示すように2つの形式があり、1つはインジェクタ用酸素孔が単純なノズルからできているものであり、もう1つはノズル内に酸素流量を調節するための針弁が設けられているものである。

　低圧用溶接器は、JIS B 6801 によって構造その他が規定されているが、ガス混合部（ミキサ）の構造により A形溶接器と B形溶接器に分類されている。

　　（注）　吹管は、手動ガス溶接器・ガス切断器および加熱器と同義語として使用されているが、JIS では、手動ガス溶接器、ガス切断器および加熱器ともに、吹管および火口から構成されていると定義されている。

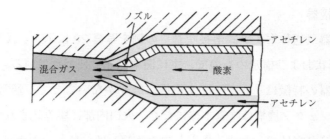

図32　針弁のないインジェクタ

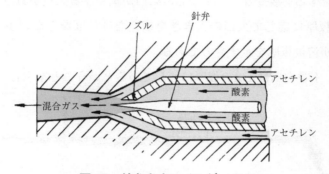

図33　針弁をもつインジェクタ

(a)　A形溶接器

A形溶接器（通称ドイツ式溶接吹管）の例を**写真22**に示す。A形溶接器は、**図34**に示す形状および構造のもので、主に関東以北で使われている。

A形溶接器の特徴はインジェクタ機構に針弁がないことで、通常**図35**に示すように、インジェクタ機構は吹管本体になく、火口内部に組み込まれている。

火炎の調節が容易で、普通、酸素とアセチレンは、ひとつのカラン（コック）で連動して開閉できるようになっており、一度火炎を調整しておけば再点火の場合にも炎の調整をする必要がない。しかし、火口が重くなる欠点がある。溶接板厚が変わる場合、板厚に応じて火口の大きさを変えなければならないが、A形溶接器では火口番号が溶接板厚を示すものである。

すなわち、1番火口は1mmの板厚に適しているということを示している。

写真22　A形溶接器（ドイツ式）[1]

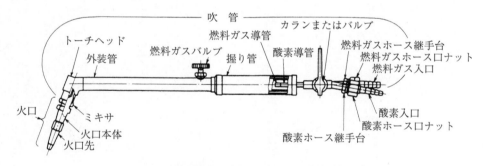

図34　A形溶接器（ドイツ式）の構造

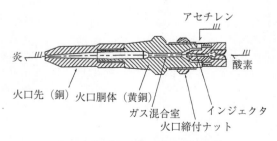

図35　A形溶接器の火口の構造

⒝ B形溶接器

B形溶接器（通称「フランス式溶接吹管」）の例を**写真23**に示す。B形溶接器の特徴はインジェクタ機構に針弁があることであり、**図36**に示すように、インジェクタ機構は溶接吹管の本体に組み込まれている。このため、火口が軽量になり溶接作業が行いやすくなる利点がある。しかし、火炎の調節はA形に比べてやや手数がかかり、特に一度消火して再点火するとき、あらためて火炎の調節をしなければならない煩雑さがある。

なお、B形溶接器の火口番号は1時間当たりのアセチレン消費量（L）を示すものとされている。

写真23　B形溶接器（フランス式）

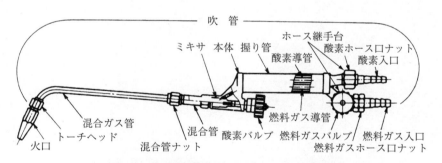

図36　B形溶接器（フランス式）の構造

イ　中圧用溶接器

　中圧用溶接器は、ガス圧力が0.007MPaから0.13MPaまでの、いわゆる中圧アセチレンの領域のみで用いられる溶接器であるが、わが国ではほとんど使われていない。構造的な特徴は、ミキサのオリフィスがないか、あっても低圧用のものほど強力な吸引作用がないことである。ミキサのオリフィスがなく、酸素、アセチレンともほぼ等圧で用いる溶接器のことを「等圧式溶接器」、弱いミキサのオリフィスのあるものを「セミインジェクタ溶接器」とも呼んでいる。

　低圧用溶接器は、中圧アセチレンでも、まったく変わりなく使用することができる。これとは逆に、中圧用溶接器を低圧アセチレンで使うと、酸素がアセチレン通路に逆流して、逆火などの原因になるので、中圧用溶接器は低圧アセチレンには使えない。

(2)　手動ガス切断器

　ガス切断器もガス溶接器と同様、低圧用と中圧用に分類され、さらに異心形と同心形の2形式があるが、異心形は構造が複雑で用途が限定されるため、最近ではほとんど使われなくなった。このため JIS B 6801 では同心形のみ定めている。

　ア　1形切断器

　1 形切断器（低圧用切断吹管：通称「フランス式切断器」）の例を**写真 24** に示す。わが国で最も一般的に用いられている切断器であり、**図 37**、**図 38** に示すような形状および構造の切断器である。JIS B 6801 では、1 形切断器をその切断能力により1、2、3 号に分類している。**図 38** において、酸素ホース継手から導入された酸素は、本体の内部で2つの通路に分けられ、一方は予熱炎に、他方は酸素導管を通って切断酸素に使われる。予熱炎用ガス混合部（ミキサ）は、低圧用溶接器と同様、インジェクタ構造となっている。

　ガス切断用予熱ガスとしてアセチレンのほかに LP ガスが多く使われている。この場合、吹管の基本的構造に変わりはないが、予熱用酸素を多量に要するので、インジェクタノズルの口径が、アセチレン用に比べて大きく製作されている。その他にもエチレンや水素系のガスなども使用されている。この場合も同様にガスの種類が異なると切断器の内部寸法が変わることがあるので、ガスの種類に適応した切断器を用いなければならない。アセチレン用切断火口は、**図 39**(a)に示すような構造で、中心に切断酸素孔があり、この周囲にリング状に予熱炎孔が配置されている。

　LP ガス用切断火口は、外見的にはアセチレン用のものと変わらないが、予熱ガスの燃焼効率をよくするために、ガス噴出孔を歯車状にした火口（**図 39**(b)）が用いられている。

写真 24　1 形切断器（フランス式）[1]

(a) 吹 管

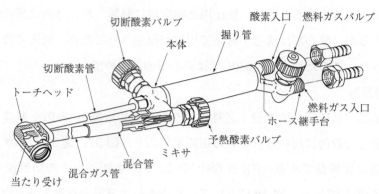

(b) 火 口

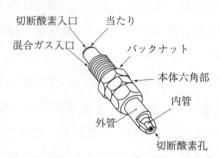

図37 1形切断器（フランス式）の構造

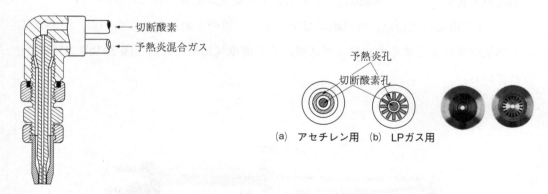

(a) アセチレン用 (b) LPガス用

図38 アセチレン用切断火口の断面

図39 1形切断器の火口の先端形状[1]

写真 25　3形切断器 [1]

(a) 吹 管

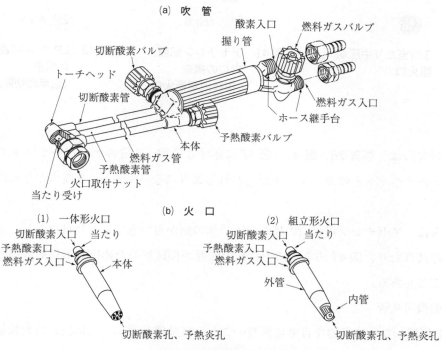

切断酸素バルブ
トーチヘッド
切断酸素管
酸素入口
握り管
燃料ガスバルブ
燃料ガス入口
ホース継手台
予熱酸素バルブ
本体
燃料ガス管
予熱酸素管
火口取付ナット
当たり受け

(b) 火 口

(1) 一体形火口
切断酸素入口　当たり
予熱酸素口
燃料ガス入口
本体
切断酸素孔、予熱炎孔

(2) 組立形火口
切断酸素入口　当たり
予熱酸素口
燃料ガス入口
外管
内管
切断酸素孔、予熱炎孔

図 40　3形切断器の構造

イ　3形切断器

　3形切断器（中圧用切断吹管）の例を**写真 25**に示す。わが国では、中圧用溶接器
は使われないが、中圧用切断器は使われている。

　写真 25、**図 40**に代表的な3形切断器を示すが、この種の切断吹管では、ガス混合
が火口内部で行われるようになっているので、チップミキシング（ノズルミキシン
グ）形切断器とも呼ばれる。このため、それぞれのガスは火口まで別々に供給され、
燃料ガスが変わっても、十分なガス供給能力が得られれば火口を換えるだけでよく、
切断器自体は同一のものが用いられる。

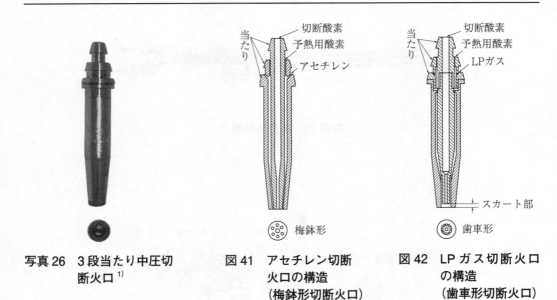

写真26　3段当たり中圧切
断火口[1)]

図41　アセチレン切断
火口の構造
（梅鉢形切断火口）

図42　LPガス切断火口
の構造
（歯車形切断火口）

　切断火口は、**写真26**、**図41**、**図42**に示すように、3段のテーパーシートで切断
器のトーチヘッドとのガスシールが行われるようになっており、3段当たり火口と呼
ばれる。

　さらに、アセチレン用火口の場合は、一体の銅からできている物はワンピースチッ
プと呼ばれたり、**図41**のように予熱孔の配置が梅鉢形のため梅鉢形切断火口と呼ば
れることもある。

(3)　自動機用吹管

　NCを使用しない簡易的な自動切断機のことを自動機と呼ぶ。自動機には直線切断機
（**写真27**）、円切断機（**写真28**）、型倣い切断機（**写真29**）やパイプ切断機（**写真30**）
など各種切断形状に合わせたものが存在する。自動機を使用することで、手動切断では
難しい寸法精度の高い切断が可能になる。

　自動機用吹管（**写真31**）は、日本国内では中圧式の吹管のみが使用されている。形
状も**写真27 ～ 30**に示すように、ストレート形になっているのが一般的である。火口
も中圧式の火口が使用される。

写真 27 直線切断機 [1]

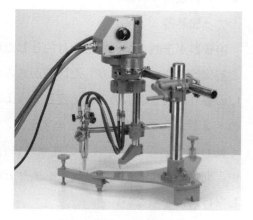

写真 28 円切断機 [1]

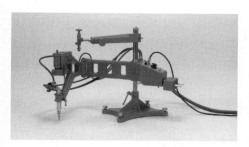

写真 29 型倣い切断機 [1]

写真 30 パイプ切断機 [1]

写真 31 自動機用吹管 [1]

(4)　その他のガス器具

ア　加熱器

　溶接器が予熱や焼鈍などを目的とした加熱のみに使用されることも多いので、加熱器と溶接器の間にはっきりした区別があるわけではない。A形溶接器、B形溶接器とも火口の番号の大きいものは、溶接というより加熱器として使われている。さらに、溶接器のインジェクタ、火口の構造を変えて、LPガスなどの可燃性ガスを用いた加熱器が多く使われているが、その可燃性ガスに合った溶接器（加熱器）を使わなければならない。間違ってLPガス用の吹管をアセチレンに使うと逆火などの事故が起こるので注意しなければならない。

　しかし、**写真32**に示すような加熱のみを目的とした吹管も多くつくられている。このほか、加熱吹管に属すると考えられるものに「焼入れ吹管」などがある。

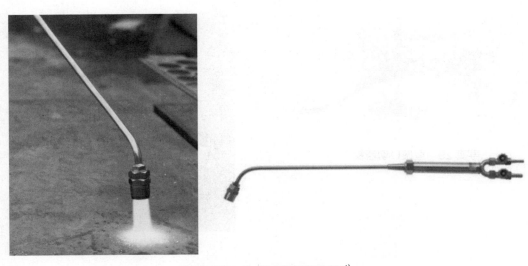

写真32　LPガス用加熱吹管[1]

イ　ガウジング吹管

　ガス切断の原理を応用して、溶接部の裏はつり、溝掘りなどに使われるものにガウジング吹管がある（**写真33**）。基本的にはガス切断器と同じであるが、予熱用酸素、切断酸素とも通常のガス切断器に比べて多くの酸素が流れるようになっており、火口の形状が多少異なる（先端が曲がったものが多い）。

ウ　スカーフィング吹管

　インゴット、ビレットなどの表面の傷、脱炭層などを取り除くために用いられる大型の吹管である（**写真34**）。この吹管は、ガス切断器と類似の構造であるが、予熱酸素、切断酸素の流量はガウジング吹管の場合より大きい。

写真33　ガウジング吹管[1]

写真34　スカーフィング吹管[1]

4.5.2　吹管の取扱い

　逆火事故は吹管の誤った取扱いによって発生する確率が非常に高い。このため、吹管の正しい取扱いは安全作業を行ううえで特に重要である。なお、市販の吹管火口には、品質が安定しているJIS規格適合品または（一社）日本溶接協会に認定された認定品（JWAマーク入りの製品）がある。

（1）　ガス切断の作業手順

　以下に述べるような事項に留意して、慎重かつ適切に取り扱うことが必要である。加えて各機器の「使用上の注意および順守事項」も留意のうえ、取り扱うことが必要である。

　また、現在では吹管の用途としてはガス切断に使用される場合が多いため、以下ではガス切断を中心に説明する。

　ガス溶接器やガス加熱器の場合は、以下の記述から切断酸素バルブに関する記述を除いたバルブ操作になる。

　ア　作業前の準備、点検

①　作業を始める前に**図51**（147頁）に示す適正な保護具を着用する。

②　吹管は常に清潔に保ち、ねじ部、連結部などに付着したペンキ、グリースなどの油脂類を完全に除去しておくこと。

③　ホースが完全に接続され、ホースバンドなどで確実に締め付けられていることを確認すること。

④　作業に適した能力の火口を選び、確実にトーチヘッドに取り付けること。

⑤　吹管のバルブは閉じた状態で、酸素、燃料ガスの圧力を吹管または火口の取扱説明書に記載されている圧力まで上げる。この場合、アセチレンは0.13MPaを超えないように注意すること。（低圧用溶接吹管、低圧用切断吹管のときは、必ずインジェクタの吸引作用を確かめること）。

⑥　漏れ検知液などを使い各接続部のガス漏れをチェックする。

⑦　点火する前にこれから行う切断作業をイメージして、切りたい方向に手をスムーズに動かすことができるか、ホースが作業の妨げにならないかを確認する。

イ　点火および炎の調節手順

①　まず燃料ガスのバルブを半回転から1回転ほど開き、所定のライター（**図43**）で点火する。点火にマッチや裸火などを用いてはいけない。

②　次に予熱酸素バルブを少しずつ開いていく。

③　炎の調節は燃料ガス、予熱酸素の順序で行い、作業に適した炎（中性炎）にする。燃料ガス過剰の炭化炎も酸素過剰の酸化炎も作業には適さない。アセチレンと酸素での混合状況による火炎の違いを**口絵1（巻頭）**に示す。

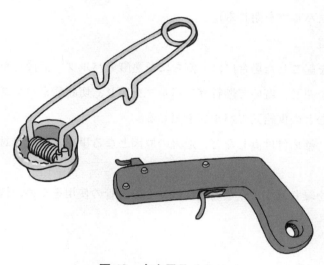

図43　点火用ライター

ウ　切断作業

① 予熱炎で鋼板が赤熱するまで加熱する（**口絵2（巻頭）**）。

② 切断酸素バルブを開く。予熱炎を所定の中性炎に調節しても、切断酸素を放出すると、炭化炎になるので、この状態で再び予熱酸素バルブを開き中性炎に再調節する（**口絵3（巻頭）**）。

③ 切断酸素を吹きつけ鋼板の切断を行う（**口絵4（巻頭）**）。

エ　消火手順

作業を終えて消火するときには、まず切断酸素バルブを閉じ、次に予熱酸素バルブを閉じ、ついで燃料ガスのバルブを閉じる（溶接器の場合は酸素バルブを閉じ、次に燃料ガスバルブを閉じる）。

(2)　逆火時の処置

① 作業中逆火を起こした場合には、直ちに予熱酸素バルブ（溶接器や加熱器の場合は酸素バルブ）を閉じ、続いて燃料ガスバルブを閉じ、切断酸素バルブを閉じる。最後に容器バルブなどの供給元のバルブを閉じる。

② 火口の掃除、締め付け直しなど、逆火の原因となる事項に関する対策を施した後再び点火する。

③ 続けて逆火を繰り返すような場合には、その吹管の使用をやめ、機能の良好なものと取り替える。

(3) 保管上の注意および順守事項

項　目	細　目	注　意　・　順　守　事　項
原　　則	1　長期間	長期間使用しないまま放置しないこと。
	2　油類の塗布	注油または油類・グリースなどを塗布しないこと。
防じん等	1　長期保管	長期間保管しようとするときは、ビニール袋等に入れて密封し、ダンボール箱等に入れ、粉じん、腐食性ガス等に触れないところに格納保管すること。
	2　常時保管	日常の保管は、粉じん、腐食性ガス等のない場所を選び、専用の格納器に入れ、他の吹管と混在接触しないように保管すること。
点　　検	1　日常点検	「4.5.3　吹管の保守・点検」（117頁）を参照。
	2　定期点検	
	3　メーカー定期点検	
異常時	措　　置	異常を発見したときは、故障と表記し、上司に報告し、上司の指示を待つこと。

(4)　使用上の注意および順守事項

項　目	細　目	注　意・順　守　事　項
共　通	1　注油禁止	ねじ部、混合部、ホース口等の部分には、グリース等の注油や塗布をしないこと。
	2　清　掃	ねじ部、火口当たり部、ホース口等の接続部を清掃し、ゴミ等を取り除くこと。
火　口 1形切断 器用	1　取扱い	火口当たり部は損傷しやすいので、取扱説明書をよく読み、とくにていねいに取り扱うこと。
	2　挿　入	バックナットを火口本体側いっぱいに戻し、火口本体の六角部を指の力で保持し、トーチヘッドに静かにねじ込む。火口当たり部がトーチヘッドの接点に達するまで挿入すること。
	3　本体締め	次に、火口本体の六角部にスパナを当てて固く静かに締め付け、火口当たり部を密着させること。
	4　バックナット締め	バックナットを指の力でトーチヘッドに達するまでねじ込み、続いてスパナを用い、十分締め付け火口を固定すること。
	5　当たり部の密着	火口当たり部がトーチヘッドの接点に密着していないときは、逆火や酸素と燃料ガスが混合する危険性があり、また火炎不整による作業不能におちいるので、火口の当たりの確認を慎重に行うこと。
火　口 3形切断 器用	1　取扱い	火口当たり部は損傷しやすいので、取扱説明書をよく読み、とくにていねいに取り扱うこと。
	2　挿　入	火口当たり部をトーチヘッド内部に正しく当たるように挿入し、火口締付ナットをトーチヘッドにねじ込むこと。
	3　火口締付け	専用スパナで火口締付ナットを確実に締め付ける。
溶断用ゴムホース	1　共　通	1　圧力調整器の出口（ホース継手台）、あるいは乾式安全器の出口に溶断用ゴムホースを確実に取り付けること。酸素用のホース口ナットのねじは右ねじであり、燃料ガス用のホース口ナットは左ねじである。このとき接続部の当たりを確認するとともにホース口ナットをの締めすぎと緩みのないように締め付けること。 2　吹管側の溶断用ゴムホース端部を空間に保持し、圧力調整ハンドルを右に回し、圧力調整器内の弁部を開放し、溶断用ゴムホース内を2〜3秒ガスブローし、内部のゴミを吹き払うこと。 3　圧力調整ハンドルを左に回しガスの供給を止め、吹管に溶断用ゴムホースを確実に取り付ける。このとき接続部の当たりを確認をするとともに、袋ナットの締めすぎと緩みのないよう締め付けること。

	2	取付順序	吹管に溶断用ゴムホースを取り付ける場合は、まず酸素用ホースを取り付け、次に燃料ガス用ホースを取り付けること。
	3	取付手順	酸素用ホースを吹管に取り付けたら、まず圧力調整ハンドルを右に回して酸素を送給する。次に吹管の酸素バルブを開く。続いて燃料ガスバルブを開き、燃料ガス入口に指先や手首を当てて、吸込みを確認する。吸込みが正常な場合、燃料ガス用ホースを取り付けること。 （注1）3形切断器は除く。 （注2）吸込みの確認が終わったら、ただちに酸素バルブ、次いで燃料ガスバルブの順に弁を閉止し、以後定められた手順に従い操作する。
空吹き		空吹き	容器→圧力調整器→乾式安全器→溶断用ゴムホース→吹管（火口を含む。）の取付けが終わったら、必ず点火前に燃料ガス、酸素の順にそれぞれのバルブを開きガスを放出し、点火時と同じ状態にして、ガスだけを放出する空吹きを行うこと。
点検	1	ガス漏れ	全部の接続（取付け）が終了したら、検知剤をバルブ部、接続部等に塗布して、各部のガス漏れを点検すること。 （注）この場合、吹管のバルブは閉めておくが、容器弁、圧力調整器等は開放にしておくこと。
	2	措置	ガス漏れを発見し、取付けの手直しを行っても漏れが止まらない場合は、ただちに正常なものと取り替え、不良品は故障または不良と表記し、措置すること。
点火	1	用意	1 吹管のバルブは閉じたままで、燃料ガスの圧力調整器の圧力調整ハンドルを右に回し、所要の圧力のところでハンドルを止めておくこと。 2 次に酸素用圧力調整器も同様に、所要の圧力にしておくこと。
	2	着火	まず吹管の燃料ガスバルブを半回から1回ほど開き、ただちに所定のライターで点火する。次いで酸素バルブを開く。所要の火炎に調整するときは燃料ガス、酸素の順で操作する。
	3	消火	1 消火は、まず、酸素バルブを閉じ、次いで燃料ガスバルブをただちに閉じる。この消火手順はいかなる場合においても変わらないこと。 2 打合せ、休憩等で作業を中断するときは、圧力調整器内のガス抜きをしておくこと。
	4	ガス抜き	1 ガス抜きは、容器弁を閉じ、次いで吹管の酸素バルブを開き、酸素を放出してすぐバルブを閉じる。次に燃料ガスバルブを開き、燃料ガスを放出してすぐバルブを閉じ、圧力調整器内の残留ガスを除去する。

			2　圧力調整器内の残留ガスが除去されたら、圧力調整ハンドルを左に回して器内の弁を閉めておくこと。
取　扱　い	1	衝撃禁止	吹管はていねいに取り扱い、トーチヘッドで加工物をたたいたり、放り出したり、落下させたりしないこと。
	2	火口掃除	よく冷却してから、専用の掃除針を用い、孔を変形させないよう注意して行うこと。
	3	注　意	使用中は、各部のガス漏れ、引火等に注意して行うこと。
故　　障		火口、吹管	火口、吹管が使用中故障し、使用できないときはただちに正常なものに交換し、故障品は、故障と表記し、措置すること。

4.5.3　吹管の保守・点検

　ガス溶接・加熱および切断作業を安全に行うためには吹管を常に正常な状態に保って
おかなければならない。このために点検を行い、異常が発見された場合はただちに使用
をやめ、機能復帰や新品への交換を行わなければならない。点検の頻度と内容につい
て、「ガス切断・ガス溶接等の作業安全技術指針（JNIOSH−TR−48：2017）」に基づい
て以下に記載する。

(1)　日常点検

　1日1回、作業開始前に必ず行う。点検項目は以下のとおり。

　①　変形・ひび割れ・腐食がないこと。

　②　バルブ作動がスムーズであること。

　③　火口・ホース継手台の当たり部・ねじに傷や変形がないこと。

　④　火口に変形・溶損などがないこと。

　⑤　吹管の吸い込みがあること（中圧式を除く）。

　⑥　各接続部に漏れがないこと。

　⑦　火炎調整がスムーズにできること。

(2)　定期点検

　日常点検に加えて1カ月に1回は吹管を水没させて各接続部およびバルブからの漏れ
がないことを確認する。

(3)　メーカー定期点検

　製造から5年を超えるものは、必ずメーカーまたはメーカーが指定する事業所（者）
で再検査を受けなければならない[注]。

　（注）『ガス切断・ガス溶接等の作業安全技術指針（JNIOSH−TR−48：2017)』による。

4.6　安全器

4.6.1　安全器の必要性

逆火が吹管内を通り抜けてガス供給元まで戻ってしまうと、大事故につながることがある。これを阻止するための逆火防止装置が「安全器」である。

(1)　逆火とは

ガス切断器やガス溶接器等の取扱方法が適切でない場合、火口からパチパチという音やパチンという音が出ることがある。これは、火炎が火口より吹管側へ戻る現象で「逆火」と呼ぶ。逆火は火炎の燃焼速度が混合ガスの噴出速度より速くなったときに発生する。逆火の主な要因は以下のとおりである。

① 極端に小さい炎に調整したとき。

② 燃料ガスおよび酸素の圧力、混合比が適正でないとき。

③ 火口、吹管が過熱されたとき。

④ 火口先端が塞がれていてガスが逆流したとき。

⑤ 火口の締め付け不良や吹管の整備不良のとき。

(2)　逆火の種類

逆火が発生しても火口の中で消えることが多いが、逆火が吹管やその先まで戻ってしまうことがある。これらを特に「持続性逆火」や「フラッシュバック」と呼ぶ。

ア　持続性逆火

逆火と同時に吹管のミキサー部に火炎が滞留して、「シュー」という音がしている状態。放置しておくとミキサー部が変色して溶け、火が吹き出す。火口先端が閉塞されたときに起こる。

イ　フラッシュバック

逆火と同時に火炎が吹管内を通り抜けて、ガス供給元まで戻ってしまう現象。ときには、ホースを破裂させたり、調整器を破壊してしまうことがある。ホース内に混合ガスができるときに起こる。

したがって、これらの状態ができるだけ局部的に限られるようにし、大きな事故、災害になることを防止することが必要である。特に吹管を通り越しての逆火は完全に阻止されなければならない。このために用いられるのが安全器で、安全器には「水封式安全器」と「乾式安全器」がある。

⑶　安全器の設置

　アセチレン溶接装置、ガス集合溶接装置を用いる場合には安全器を設けることが義務付けられており、1つの溶接装置に2つ以上の安全器を設置しなければならない。これらの装置に使用する安全器は、水封式安全器でも乾式安全器でもよく、また、水封式安全器と乾式安全器を混用しても差し支えないが、溶接装置に使用するガスの種類およびその使用圧力に適した安全器を設置し、使用しなければならない（労働安全衛生規則第306条、第310条）。

　高圧ガス保安法においては、溶接または切断用のアセチレンの消費設備には逆火防止装置（安全器）を設けることが義務付けられている（一般高圧ガス保安規則第60条第13号）。この場合の対象ガスはアセチレンだけであるが、ボンベ1本の設備であっても逆火防止装置を設けて作業しなければならない。

4.6.2　安全器の種類および構造

⑴　水封式安全器

　水封式安全器はガスが逆火爆発したときに、水により火炎の上流側への伝ぱを阻止する構造になっている。また、溶接装置に使用するガスの圧力に応じて次のように区別されている。

　ア　低圧用水封式安全器

　低圧用水封式安全器の構造および作動は、**図44**、**図45** に示すとおりである。安全器には常に水が適正な量だけ入っていることが必要であり、有効水柱は 25mm 以上なければならない。

　イ　中圧用水封式安全器

　写真35 にその例を示す。中圧用は低圧用の水封排気管に換えて破裂板を使用している。実際には**図46** に示すような逆止弁、緊急遮断弁などを備えたものが用いられ、有効水柱は 50mm 以上なければならない。

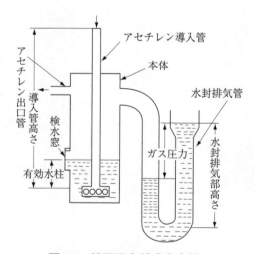

図44　低圧用水封式安全器

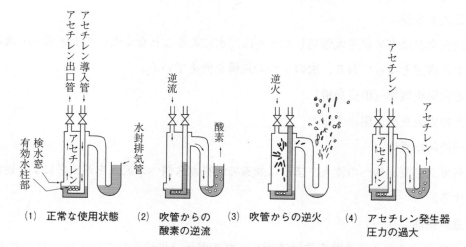

アセチレン導入管
アセチレン出口管
水封排気管
検水窓
有効水柱部
アセチレン
（1）　正常な使用状態

逆流
酸素
（2）　吹管からの
　　　酸素の逆流

逆火
（3）　吹管からの逆火

アセチレン
アセチレン
（4）　アセチレン発生器
　　　圧力の過大

図45　低圧用水封式安全器の作動原理

写真35　水封式安全器[1]

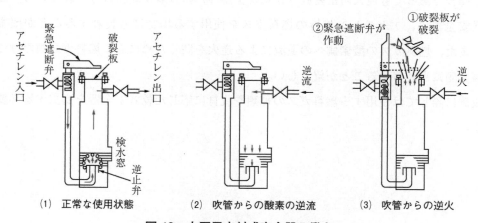

アセチレン入口
緊急遮断弁
破裂板
アセチレン出口
検水窓
逆止弁
（1）　正常な使用状態

逆流
（2）　吹管からの酸素の逆流

①破裂板が破裂
②緊急遮断弁が作動
逆火
（3）　吹管からの逆火

図46　中圧用水封式安全器の働き

(2)　乾式安全器

　乾式安全器はガスが逆火爆発したときに、水によることなく火炎の上流側への逸走を阻止する構造となっており、次の3つの機構を備えている。

① 　逆火防止機構（消炎機構）

　逆火の火炎を消火阻止する。

② 　逆流防止機構

　燃料ガスの酸素側への流入、または酸素の燃料ガス側への流入を逆止弁により逆流を防止する。

③ 　遮断機構

　逆火発生時にガスの通路を強制遮断し、ガスが再び供給されないようにロックする。再使用するには手動で復帰する構造となっている。

　乾式安全器は厚生労働省告示で定める機能（逆火を阻止する機能、酸素の逆流を阻止する機能および逆火時にガスを遮断する機能等）を備えたものでなければ使用してはならない。**図47**に示すように、乾式安全器で現在最も多く使われているものは、焼結金属の細かい隙間を利用して火炎を冷却し消炎する方式のものである（**写真36**）。この方式の乾式安全器では、焼結金属の隙間が小さいほど消炎能力は増すが、ガスの流れ抵抗も増加する。

　アセチレン溶接装置またはガス集合溶接装置を用いる場合は、すでに述べたように、水封式安全器または乾式安全器を備えなければならない。また、溶解アセチレンなどのガス容器を用いる作業においても、安全に対する十分な対策が必要である。一般高圧ガス保安規則においては、溶接または熱切断用のアセチレンガス消費にはガス容器を使用する場合であっても逆火防止装置（乾式安全器等）の装着が義務付けられている。この乾式安全器は、アセチレン以外の燃料ガスを使用する場合にも装着することが望ましい。また、燃料ガスの酸素側への逆流による逆火を防ぐためにも、燃料ガス側だけでなく酸素側にも装着することが望ましい。

　設置に際しては使用する燃料ガスの種類や流量に応じた乾式安全器を選択する必要がある。

燃料ガスは正常に流れている。

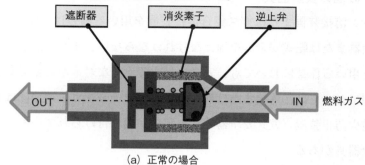

（a） 正常の場合

酸素が逆流すると、逆止弁が作動し逆流を止める。

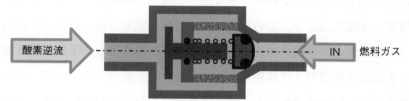

注）各社、機種によっては遮断弁が作動する構造もあります。

（b） 酸素逆流した場合

逆火・爆ごうが発生すると、火炎を消炎素子で
消火し、遮断弁と逆止弁が作動してガスを遮断する。

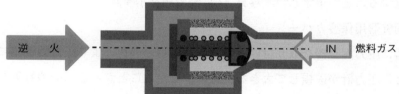

（c） 逆火した場合

図47　焼結金属を用いた乾式安全器の構造および作動原理の例

（出典：日本乾式安全器工業会ホームページより）

写真36　乾式安全器 [1) 4)]

4.6.3　その他の安全器具

　アセチレン溶接装置またはガス集合溶接装置を用いる場合は、すでに述べたように、水封式安全器または乾式安全器を備えなければならない。また、溶解アセチレンなどのガス容器を用いる作業においても、安全に対する十分な対策が必要である。一般高圧ガス保安規則においては、溶接または熱切断用のアセチレンガス消費にはガス容器使用であっても逆火防止装置（乾式安全器等）の装着が義務付けられている。そのほかに次のような安全器具がある。

(1)　逆火・逆流防止機構付き流体継手

　逆止弁はガスの逆流を防ぐもので、導管内での酸素と燃料ガスの混合を防止できるので、逆火爆発の予防に役立つ。このため、逆止弁は乾式安全器の逆流防止機構としても使用されている。逆止弁に逆火防止機構（消炎機構）を付加した手持ち吹管用の安全器具に逆火・逆流防止機構付き流体継手がある。逆火防止機構（消炎機構）には焼結金属が用いられている。軽量で簡便であるが、遮断機構を持っていないためこの機器は乾式安全器ではない。したがって、別途、圧力調整器出口に乾式安全器を設置する必要がある（特にアセチレンは設置が義務付けられている）。乾式安全器を設置したうえでこの機器を設置することが望ましい。**写真 37** に装着例を示す。

(2)　圧力調整器用保護カバー

　ガス容器に圧力調整器を取り付ける場合、落下物その他により圧力調整器に衝撃が加えられると、圧力計が破損して大きな災害につながることがある。その対策として、圧力計を金属板または強化プラスチック等の保護カバーで囲み、保護するようにしたものである。

写真 37　逆火・逆流防止機構付き流体継手装着状態の例 [1]

4.6.4　安全器の取扱い

(1)　水封式安全器

①　1日1回以上点検し、常に指定された有効水柱を保っておくこと。

②　水封部の水が氷結したときには、熱湯で溶かすこと。しばしば氷結する場合には、エチレングリコールやグリセリンなどのような不凍液を添加する。

③　中圧用水封式安全器の破裂板は状況に応じて少なくとも年1回以上は定期的に取り替えることが望ましい。この作業は休日または作業休止時に行い、完全にガス抜きしてから使用すること。

④　水封式安全器は、地面に対して垂直に取り付けること。

⑤　安全器が逆火を受けた場合には、吹管および容器の各弁を閉じた後、逆火の原因を究明・除去して、各部機構が正常に作動することを確認した後でなければ再使用してはならない。

⑥　「4.6.5　安全器の保守・点検」に従い、点検を行うこと。

(2)　乾式安全器

①　安全器が逆火を受けた場合には、吹管および容器の各弁を閉じた後、逆火の原因を究明・除去して、各部機構が正常に作動することを確認した後でなければ再使用してはならない。

②　分解したり、修理したりしないこと。

③　「4.6.5　安全器の保守・点検」に従い、点検を行うこと。

4.6.5　安全器の保守・点検

　ガス溶接・加熱および切断作業を安全に行うためには安全器を常に正常な状態に保っておかなければならない。このために点検を行い、異常が発見された場合は直ちに使用をやめ、機能復帰や新品への交換を行わなければならない。点検の頻度と内容について、「ガス切断・ガス溶接等の作業安全技術指針（JNIOSH-TR-48：2017）」に基づいて以下に記載する。

(1)　水封式安全器

　ア　日常点検

　(a)　水位の確認

　　1日に1回以上、常に指定された水位まで水が入っているかを確認する。

　(b)　破裂板の確認

　　中圧用水封式安全器は破裂板に破損がないかを確認する。

　(c)　外観検査

　　本体に腐食、変形、水漏れがないかを確認する。

　(d)　気密試験

　　本体に常用圧力を加え漏れ検知液などにて各接続部の漏れの点検を行う。

　イ　定期点検

　　1年に1回以上、乾燥空気または窒素ガスを使用し次の方法で定期点検を行う。

　(a)　気密試験

　　製品の出口側を閉じ、入口側から常用圧力を加え、本体および各接続部からの漏れを検知液などで確認する。

　(b)　破裂板の交換

　　中圧用水封式安全器の破裂板は状況に応じて、少なくとも1年に1回以上は定期的に交換することが望ましい。

　ウ　メーカー定期点検

　　メーカーの点検を受けることが望ましい。

(2) 乾式安全器

ア 日常点検

1日1回、ガス切断・ガス溶接作業前に必ず行う。点検項目は以下のとおり。

(a) 外観検査

本体の変形、ホース等接続部のねじ部に損傷がないことを確認する。

(b) 気密試験

本体に常用圧力を加え漏れ検知液などにて各接続部の漏れ点検を行う。

イ 定期点検

1年に1回以上、乾燥空気または窒素ガスを使用して次の方法で定期点検を行う。

(a) 気密試験

製品の出口を閉じ、入口側から0.13MPaの圧力を加え、本体および各接続部から漏れを漏れ検知液などで確認する。

(b) 逆流試験

製品の出口側から0.1MPaの圧力を加え、入口側から漏れがないことを漏れ検知液などで確認する。

(c) 遮断試験

製品の遮断弁を手動で作動させた後、入口側から0.13MPaの圧力を加え、出口側から漏れがないことを漏れ検知液などで確認する。

ウ メーカー定期点検

使用開始から3年ごとに1回、メーカーまたはメーカーが指定する事業所（者）で再検査を受けなければならない[注]。

圧力調整器に乾式安全器が内蔵されている製品もある。この場合、それぞれのメーカー点検期限に従ってメーカー点検を受ける必要がある[注]。

(注)『ガス切断・ガス溶接等の作業安全技術指針（JNIOSH-TR-48：2017)』による。

第5章　ガス溶接・溶断作業の安全

○ガス溶接等の作業は火災や爆発、中毒などの災害を引き起こす可能性があることを
　知り、適切な防止対策を行えるようにする。

　ガス溶接等の断作業は、可燃性ガスのアセチレンやLPガス等と酸素を用いた高温の
炎を取り扱うため、思いがけない爆発・火災や中毒等の災害が発生するおそれがある。
また、工場内の切断場など同一の場所で継続的に行う作業時よりも、建設工事現場や出
張先の工場などでの修理・改造、構造物の建設・解体または災害時の救助などの非定常
作業や臨時の作業時に爆発・火災等の災害が起こりやすい。このような災害の具体的な
事例を紹介するとともに災害の防止対策を説明する。

5.1　火災の危険

　火災は、「2.1.1　燃焼」（第2章）に示されるように、可燃性物質が空気または酸素中で着火源により炎を生じて燃え広がり、消火を必要とする燃焼現象である。

5.1.1　着火源（火花・炎・高温物）

　ガス切断（溶断）やガウジングなどの作業で発生する火花は、**写真38**のように酸素中で溶けた高温の鉄が吹き飛ばされたもので、**図48**、**図49**のように作業によっては水平方向や下方向に飛散する。鉄の厚さや切断速度、切断酸素圧力、屋外では風の強さと方向などによって、さらに遠方まで到達することもある。この火花は、粒径は1mm程度の小さなものもあり、わずかな隙間から装置や壁の裏側に入り、ガスや各種可燃物の着火源となり、出火を引き起こすことがある。

　鉄をガス切断するとき、予熱する吹管の炎は約3,000℃になるので、炎と接触した木材、プラスチック、各種鉱油などは短時間で高温となり、発火することもある。また鉄は熱を伝えやすいので、加熱部分の裏側や近接した周辺の可燃物は発火のおそれがある。特に鉱油などは、断熱材や保温材にしみ込むと、蓄熱による蒸発や触媒効果により発火温度は低下し、火災の危険性が高くなる。このほか、切断して落下する高温の鉄片も同じように着火源となりうる。

写真 38　ガス切断によって発生する火花

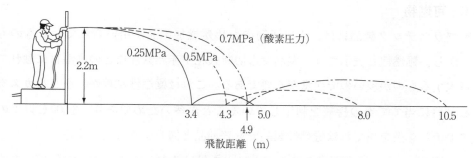

図 48　ガス切断火花の飛散状況例

（出典：NFPA（全米防火協会）資料（一部改変））

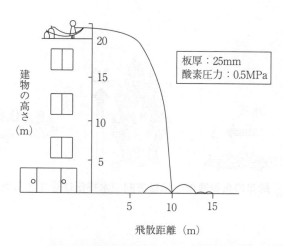

図 49　ガス切断火花の高所からの落下飛散状況例

（出典：桶川貞夫、渡辺弘吉、池田恒彦、星野藤六：溶接火花の飛散範囲とガス着火、安全工学、Vol. 5、No. 2. pp112-119、1966（一部改変））

5.1.2　酸素高濃度空気

　ガス切断では発火発熱により溶融した鉄を切断用酸素で吹き飛ばすが、この酸素は鉄の燃焼に必要な量よりも過剰に噴出される。このため、切断する壁などの裏面に生じている狭隘空間部分には酸素がたまりやすく、酸素濃度が高まるおそれがある。実験では空気中の酸素濃度が30％を示したが、条件によってはさらに高濃度となる可能性がある。このような濃度の高い酸素を含む空気中では可燃物の着火温度は低下し、発火の危険性が高くなる。このほか、圧気工法など加圧空気下での工事では酸素分圧が高いので、火災を生じやすい。また、アセチレンは圧力が高いと分解爆発の危険性が高まるので、圧気工事現場へのガス切断装置等の持込みには十分注意しなければならない。

5.1.3　可燃物

　布やプラスチック製品には、火災予防のため難燃加工品が用いられているものもある。しかし、難燃性と表示された製品でも切断火花や赤熱鉄片などの高温材に触れていると着火するものが多いので注意が必要である。これは難燃性試験が、小さなガス炎を小さな試料に当てて炎の持続を判定していることが多いためであり、3,000℃以上の酸素・アセチレン炎を当てれば難燃性製品でも普通品と同じように炎上する。

　また、図50のように布やプラスチックに火を付けると、炎の上方への伝ぱは非常に速く、初期消火は困難である。作業現場のコンクリートやガラス製品以外はすべて可燃物と判断して消火・防火対策を実施する必要がある。

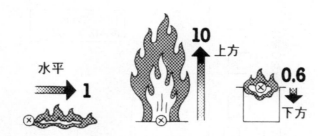

図50　綿布の火炎速度と伝ぱ方向（水平伝ぱを1としたとき）

5.1.4　プラスチック火災

　ガス溶接等の作業中、近くにある樹脂材や建物などのプラスチック断熱材などによる火災事例は、**表21**のように少なくない。プラスチック火災では、プラスチック燃焼により生ずる黒煙が視界を妨たげ（**写真39**）、さらに燃焼により有毒ガス（**表22**）が発生するため、脱出が困難となる。

表21　ガス溶接・溶断作業中のプラスチック火災例

年　　　月	可　燃　物	概　　　要
場　　所	死　傷　者	
2019.2	ウレタン	物流倉庫の冷却装置更新工事で配管の溶接作業中、近くの電線が熱せられウレタンに引火。660㎡を焼失し、作業員3名が死亡した。
東京都　物流倉庫	死亡3名	
2018.7	ウレタン	建設中のビルの地下3階で作業員2名が鉄骨を切断中に火花が飛び散り、床下に敷き詰められていたウレタンに燃え移り、有毒な煙が一気に発生した。
東京都　建設現場	死亡5名 負傷42名	
2015.4	発泡ウレタン	きのこ栽培施設内で溶接作業中、断熱用の発泡ウレタンに引火し、施設内部を全焼し、4名が死亡した。
北海道　農業施設	死亡4名	
2014.3	発泡ウレタン	解体工事中の建物で鉄筋をガス切断中に、火花が発泡ウレタンに引火、同建物の4階を全焼した。
京都府　解体現場	なし	
2010.9	断熱材	工場内倉庫の耐震工事中でガス溶接作業の火花が発泡スチロール製の断熱材に引火。倉庫1階部分を焼き、作業者7名が負傷した。
愛知県　工場	負傷7名	
2009.12	断熱材	マンション新築工事で1階部分の溶接作業中に、天井や壁に吹き付けられた断熱材に引火した。
高知県　建設現場	死亡1名	
2009.1	発泡スチロール	19階建てビル建設工事現場の地下1階において、作業員がバーナーを用いて鉄骨をガス切断中、火花により付近にあった発泡スチロールに燃え移った。
東京都　建設現場	負傷9名	

2008.11 新潟県　工場	断熱材 なし	ガス供給施設内において、コンプレッサー室の解体作業中に出火し、約 340 ㎡を全焼した。ガス切断器の残り火が断熱材などに引火したと推定される。
2008.8 青森県　建設現場	断熱材 なし	りんご貯蔵移設新築工事で、溶接作業中に塗装材料に引火し、その後壁の断熱材料に着火し 11,000 ㎡を焼失した。
2005.8 宮城県　工場	保温材 なし	工場の屋根上に設置した水タンクを修理のためガス切断作業中、屋根裏の保温材に引火し、天井などを延焼した。

写真 39　ウレタンフォーム火災ルームコーナーテスト

(出典：日本ウレタン工業協会火災問題対策委員会『硬質ポリウレタンフォームの火災及び防災に関する Q ＆ A 集』第 2 版)

表 22　プラスチック類の加熱時に発生する有毒ガス

プ ラ ス チ ッ ク 類	発 生 す る 有 毒 ガ ス
ポリウレタン（PU）	アンモニア、シアン化水素、一酸化炭素
塩化ビニル（PVC）	塩化水素、ホスゲン
テフロン（PTFE）	フルオロホスゲン、フッ化水素など
フェノール樹脂	ホルムアルデヒド
フロン類	塩素、フッ化水素、塩化水素、ホスゲン

5.1.5　鉱油火災

　引火点が比較的高い作動油、潤滑油、燃料用重油などの引火性液体（消防法危険物第4類の第三石油類〈引火点70℃以上200℃未満〉、第四石油類〈引火点200℃以上250℃未満〉）や動植物油類は、引火点が常温よりかなり高いため、一見、火災危険性が少ないように思われている。しかし、これらの油類は、ガス溶接等作業の火気で着火し、火災の原因になる。さらにこれらの油類がウエスや断熱材をはじめ床のコンクリートなどにしみ込んだ状態では、石油ストーブの灯芯が燃え出すように、一層着火しやすくなる。また、火災の際に初期消火に失敗すると、発熱量が大きいため消火作業は困難となる。なお、油圧装置内の作動油は、タンクや配管内に高い圧力が加えられているので、圧力を抜かないでガス切断すると作動油が噴出する際にミスト状に広がり、爆発的な火災事故を起こすことがある。

5.1.6　作業衣火災（着衣着火）

　ガス溶接等の作業に用いる酸素は、空気より重く、無臭である。また、短時間の吸入では無害なため、狭い室内やタンク内に漏れていても人は感知できない。酸素が過剰な雰囲気では、グラインダの火花でも作業衣は容易に着火し、消火できないほど激しく燃焼する。もし、狭い場所に放置された吹管からの酸素漏れに気づかず、ガス溶接・溶断作業を始め、発生した火花が作業衣に付着すると、瞬時に炎上する。作業衣や下着の材質にも注意が必要であり、化繊のものより燃えにくい木綿や難燃性のものを着用すべきであり、さらに適正な保護具を確実に着用することも重要である。

　以前の造船所では、このような作業衣火災で多くの犠牲者を出したため、タンクなど狭い場所での作業の中断や終了時にはホースを通風換気のよい所へ持ち出す規定がつくられた。しかし最近でも、暗きょなどにおける作業時に酸素欠乏をおそれてガス切断のため準備した酸素を換気のために吹き込み、作業衣火災で焼死した事例がある。また、乾燥ガスの代わりに、水濡れした電気機器の乾燥を速めようとして吹管から酸素を噴出し、タンク内で火災を生じた事例もある。酸素をガス溶接等の作業以外の目的に使用してはならない。

5.1.7　自動車積載時の注意

　酸素やアセチレンボンベを自動車で運搬する場合は、トラックの開放した荷台に搭載して運ぶことが基本であるが、やむを得ずワゴン車などに持ち込んで運搬する際は、窓を開けておくとともに、ボンベ保護キャップを取り付けて振動により弁が緩まないようにする。自動車内での酸素漏れによる火災、アセチレン漏れによる爆発事故例がある。

　トラックの荷台にエンジン溶接機や発電用のポータブルガソリンエンジンと酸素・アセチレンボンベを積載したまま工事を行って、アセチレンボンベの可溶栓がエンジンの高温排気ガスに当たって溶けたためアセチレンが噴出発火し、酸素も噴出した事故があった。車両にて、酸素・アセチレンなどの高圧ガスを搬入した場合は、他の作業に優先して荷降ろしし、その安全措置を図らなければならない。

5.2　爆発の危険

　爆発の条件は「**2.2　爆発の性質**」（第2章）を参照すること。ここでは作業に関連した爆発の危険を解説する。

5.2.1　燃料ガスの爆発

　吹管の弁やホース継手などに燃料ガス漏れがあったり、弁が完全に閉まっていなかったりすると、狭い作業空間や工作用定盤の下、工具箱内などにアセチレンなどの燃料ガスが滞留し、各種の火気や電気火花などで着火して爆発することがある。また、数個の弁の付いた分岐配管にホースを接続して使用する際、誤って他の者が弁を開けたのに気付かず大量のアセチレンが漏れ、大きな爆発災害が生じた例がある。誤接続や誤開閉のないよう、接続先や使用中を示す名札で明示するなどの対策が必要である。

　爆発・火災のおそれのない硫酸やスルホン酸など酸類の貯蔵タンクの解体やさびたボルト除去作業で、ガス切断による思いがけない爆発災害が起こることがある。例えば、濃硫酸タンクの上でガス切断作業中にタンクが爆発し、タンクの天蓋もろとも作業員が吹き飛ばされるという災害が起きている。

　原因は、タンク材料の鉄と酸が反応して水素が発生し、水素と空気の混合ガスが爆発したものである。鉄、ニッケル、錫、アルミニウム、亜鉛などの金属は、酸と反応して水素を発生する。酸を貯蔵したタンクでは、水素の発生を予測して、作業前にタンク内のガス検知を行う必要がある。

5.2.2　引火性液体の爆発

(1)　引火性液体

　　タンクや化学反応容器などの修理や解体作業で、内部に残っていた引火性液体の蒸気に、ガス溶接等の作業の火気により着火して爆発することがある（**表23**）。抜き取りを終えた空のタンクであっても、底部のスラッジやさびなどに引火性液体が含まれていることがある。また、空のメタノールタンクを解体するため、タンクに接続されていた配管のガス切断を行ったところ、メタノールタンクが爆発して、天蓋が約20m先へ吹き飛んだ災害事例がある。

　　このような引火性液体を貯蔵したタンクや容器、付属配管などのガス切断時には次のような注意事項を守らねばならない。

①　タンクに付属するすべての配管とタンク内を水でよく洗浄して可燃物を除去し、内部に引火性の蒸気やガスがないことをガス検知器で確認する。

②　可燃物の除去が困難な場合には、内部の空気を窒素、二酸化炭素などの不活性ガスで十分に置換してから切断作業を行う。

③　ドラム缶のような小容器のガス切断作業時には内部に水を満たして空気を追い出した状態でガス切断すると安全である。

表23　引火性液体用タンク爆発災害例

年　　月 場　　所	可　燃　物 死　傷　者	概　　要
2015.4 静岡県　ガソリンスタンド跡	ガソリン 負傷1名	廃業したガソリンスタンド跡地で、埋設されていたガソリンタンクのガス切断中に、タンク内に残っていたガソリンに引火して爆発。作業者1名が火傷をした。
2012.5 愛知県　解体工場	ガソリン なし	金属建材をガス切断器で解体中、近くにあった燃料タンクが突然爆発、鏡板が吹き飛び80m離れた隣の工場の壁にぶつかった。タンク内のガスに切断の火花が引火した。

2009.8 栃木県　解体工場	ガソリン 死亡1名	廃棄ガソリンタンクの解体場で、タンクの解体作業でガス切断しようとしたところ、突然タンクが爆発。作業者は病院に運ばれたが死亡した。
2007.6 京都府　工場	ガソリン 負傷1名	地下タンクの撤去作業にあたり、重機のアーム先端にクラッシャー（鋏み）を取り付けて地上に引き上げ、アセチレンガス切断器によりタンクの切断作業中、突然タンク内で爆発が起こった。地上引き上げ時にタンクにできた穴から火炎が噴出し、同穴からタンク内部に散水作業を行っていた作業者が顔面等に火傷を負った。
2005.8 茨城県　工場	重油 なし	重油タンクから10m離れた箇所の配管をガス切断作業中、タンクが爆発。配管中の気化ガスに引火したと見られる。

⑵　高引火点液体

　ガソリン、アルコールなど常温で引火性の液体の爆発危険性は一般によく知られているが、引火点200℃以上の第四石油類や引火点70℃以上の第三石油類など、高引火点の油類の危険性はあまり認識されていない。しかし、内部に高引火点の作動油、潤滑油、絶縁油、動植物油などが残存する容器や装置のガス溶接等の作業においても、火災が発生することがある（表24）。

　例えば、大型の変圧器の絶縁油漏れ修理のため、絶縁油（引火点146℃）を抜き取ったあと、漏れ箇所を探そうと、酸素−プロパン切断器の火炎を当てたところ、内部から火炎が吹き出した。急いで消火作業にかかったが、変圧器が突然爆発し、変圧器と建物のスレート屋根が破壊し、2名が負傷した。

　原因は、内部の絶縁油は排出されたが、内壁に油膜が残っていたため、これが切断器の火炎の加熱により発火、内部で急速に燃え上がり、内部の空気が急速に膨張したため、変圧器が破裂したものである。

　このような容器や装置のガス溶接・溶断作業では、内部の油膜や残留液体を有機溶剤

や高温蒸気を用いて除去する。除去が困難なときには内部の空気を窒素や二酸化炭素などの不活性ガスで置換してから作業を行う。

表24 ガス溶接・溶断作業中の種々の可燃物火災例

年　月 場　所	可燃物 死傷者	概　要
2015.8 宮崎県　工場	アルコール なし	貯酒タンクに繋がる移送用配管をグラインダーで切断していたところ、その火花がタンクから漏洩しているアルコール蒸気に引火し、タンクの内蓋が吹き飛んだ。
2015.8 神奈川県　工場	油 なし	稼働停止した工場で、設備の撤去作業を行っていたところ、クーリングタワーをガス切断する作業中、機器の中にたまった油に引火して火災が発生した。
2015.8 京都府　解体現場	木屑等 なし	解体中の建物の屋上で物干し台をガス切断したところ、火花が階下の木屑等の付近に落下し、作業者の撤収後に燃焼が拡大した。
2015.7 京都府　工場	布、紙 なし	屋内で鉄骨のガス切断作業を行っていたところ、火花が床面の油がしみ込んだ布・紙等に着火し、同作業場と隣接建物を焼失した。
2015.5 千葉県　造船所	作業油 中毒2名	船舶の油圧配管をガス切断装置を用いて取り外していたところ、内部に残っていた作動油に引火して出火。作業者2名が一酸化炭素中毒で死亡した。
2013.12 不明　解体現場	廃棄物 中毒1名 負傷3名	ビル解体作業現場において、縦配管をガス切断したところ、発生した火球が配管内を伝って廃棄物のビニル袋の上に落下して火災が発生。消火活動を行った被災者が一酸化炭素中毒となり、他3名も負傷した。

2013.8 茨城県　工場	ゴム部品 なし	工場内の機械の補修のためガス溶接作業を行っていたところ、機械のゴム部分に引火。工場が全焼した。
2013.7 不明　複合用途建物	ダクト内の塵埃 なし	複合用途建物内のテナント改装工事で、排気ダクトを解体するためガス切断器で切断中に、ダクト内のほこりに引火。1階から屋上までのダクト30mが焼けた。
2011.10 不明　解体現場	廃材 中毒3名	建物解体工事において、パイプスペースダクトのガス切断を行ったところ、火花が廃材上に落ちて火災となり、消火活動を行った3名が一酸化炭素中毒となった。
2010.3 福井県　発電所	樹脂製の管 なし	産業用のケーブルカーを撤去するためガス切断器でレールのボルトをガス切断中、付近にあった落ち葉が着火し、その火によりレールの下の溝内を通っていた電線用の樹脂製の管が燃えた。
2010.2 徳島県　屋外作業場	布、紙 負傷1名	建設会社の屋外作業場で、ガス溶接の火花が地面の布やごみに引火。熱気でアセチレンガスボンベのノズルが外れ、炎が噴出した。被災者は足に火傷を負った。
2009.11 宮崎県　発電所	絶縁油 なし	発電所において、使用していない変圧器から油を抜き取り、業者が切断器で解体中、残っていた油に引火した。
2009.9 石川県　解体業	古タイヤ なし	自動車解体業者が廃車置き場で車両の部品をガス切断中、付近にあった古タイヤに着火し火災となった。

5.2.3　粉体の爆発

　小麦粉、とうもろこし、石けん、医薬品、プラスチック、複写用トナー、石炭、アルミニウムなどの可燃性の粉体を貯蔵や加工する設備などを修理するときに、ガス溶接・溶断作業の火花が着火源となって火災となったり、大量の浮遊粉じんに着火して粉じん爆発を生じたりすることがある。

　アメリカでは、大型穀物サイロの粉じん爆発が続発し、高さ70mもの巨大なサイロが破壊され、一度に50人もの死者を出す災害が生じたことがある。これらの爆発の多くは、ガス溶接等の作業の火気や静電気によるものとされており、日本でも、修理の際にガス切断などの火気が原因となった爆発が生じている。

　よく乾燥した細かい粉体ほど危険で、そのような粉体が存在する場所でガス溶接・溶断作業を行う場合には、あらかじめ粉体を除去することが爆発・火災の防止対策の基本である。粉体の除去が困難な場合には、粉体に散水したり、防炎シートなどで火花の落下を予防したり、粉じんが舞い上がらないようにしてから、ガス溶接等の作業にかからなければならない。

　酸化反応性の高いアルミニウム、マグネシウムやチタンなどの金属粉末はガス切断や落下火花で発火することがある。この際、水で消火しようとすると水蒸気爆発を起こすので、乾燥砂や専用の特殊な粉末消火剤を用いる。

　最近、事故は報告されていないが、かつてはボンベや廃砲弾をガス切断中爆発した災害が頻発したので、これらをスクラップ化するときには安全を確認しなければならない。

5.3　中毒の危険

　ガス溶接等の作業中に発生する有害物を吸入すると、**表25**や**表26**のような中毒のおそれがある。これらの有害物には亜鉛メッキのような表面処理物質やろう付けの銀ろうなどから発生する鉛、亜鉛、カドミウムなどの金属ヒュームおよびさびなどに含まれる硫化物からの亜硫酸ガスがある。また、窒素、塩素、フッ素などを成分に含む合成樹脂塗料や合成樹脂ライニングを施した材料を加熱したときに毒性の強い熱分解ガス（**表21**）が発生する。さらに、狭い空間内で長時間吹管を使用した場合には、不完全燃焼によって一酸化炭素や、高温炎により空気中の窒素から窒素酸化物（NOx）を生ずることもある。

表25　ガス溶接・溶断作業中の金属ヒューム中毒災害例

年　　月 場　　所	金　属　名 死　傷　者	概　　要
2013.5 不明　解体現場	亜鉛 中毒1名	ビル解体工事において、同僚が切断した亜鉛メッキ配管を運び出す作業をしていたところ、帰宅後に発熱や吐き気、関節痛の症状が出た。
2011.12 不明　建設現場	亜鉛 中毒1名	ビル建設工事現場において、ガス切断により床デッキプレートの開口穴あけ作業を行っていたところ、息苦しさと寒気を感じて作業を中止。2日後に亜鉛ヒューム中毒による肺障害と診断された。
2007.10 不明	亜鉛 中毒1名	建物の屋上において、デッキプレート（亜鉛メッキ鋼板）のガス切断を行った際に、亜鉛ヒュームを吸い込んで亜鉛中毒となった。

表 26　ガス溶接・溶断作業中のガス中毒災害例

年　　月 場　　所	ガ　　ス 死　傷　者	概　　要
2014.3 不明　工場	一酸化炭素 中毒 1 名	金属加工機械製造工場において、組み立て中の機械内部でガス切断器を使用してナットの焼締め作業を行っていた被災者が、体調不良により病院に搬送された。
2012.4 不明　工事現場	一酸化炭素 中毒 1 名	耐震改修工事現場にて、1 名で鉄筋ガス切断作業を行っていたところ、作業開始から 2 時間後に床にうずくまっているところを同僚に発見された。

　古い建物や構造物の解体作業中の有害な金属ヒュームやガスによる中毒を防止するため、これらの危険性をよく理解し、局所排気装置や全体換気装置による有害物の除去、室内の換気などを実施する。換気が困難であったり不十分なときは、送気マスクや防じんマスク、防毒マスクなど有害物の種類や濃度に適合した呼吸用保護具を用いなければならない。

　なお、古い建物やプラントにはアスベスト（石綿）が保温材などとして使用されている場合があるので、アスベストの有無を事前に確認し、撤去を行い、完全に撤去できない場合は、必要な飛散防止措置を行って、ガス溶接・溶断作業に取り掛からなければならない。

5.4　その他の危険

5.4.1　破裂

　密閉された空間部をもつ材料や器具、容器などをガス切断等のため外部から加熱すると、内部の気体や残っていた液体のガス化によって圧力が上昇し、破裂して、ときには死亡災害を生ずることがある。

　このような密閉されたものを加熱するときには、あらかじめ大気に通ずる穴を開けておいてから作業にかかる注意が必要である。

5.4.2　墜落・落下

　高所でのガス溶接等の作業では、作業者の墜落災害や、解体作業時にガス切断した鋼材とともに作業者も落下した災害が発生している。また、路面に置かれた高圧ガス容器が地下ピットへ落下して下にいた作業者に当たるという事例もある。切断物に乗って作業をして、切断物と一緒に墜落したり、支持をしっかりしていないため切断物の倒壊で下敷きになる事故が起きている。

　これらの災害防止のため、高所の作業では作業者は墜落制止用器具を使用し、危険な動作や無理な姿勢をとらないようにする。手すりや足場は規定のものを設置し、高圧ガス容器などは落下防止のため確実に鎖などで固定しておかなければならない。

5.5　保護具の着用

5.5.1　保護具の必要性

　これまで述べてきたように、ガス溶接等の作業においてその手順や操作を誤ると、火災、爆発、中毒などの災害が発生することがあり、人的な被害に及ぶこともある。このような災害から身を守るためには、適正な保護具を選定、着用しなければならない。

5.5.2　保護具の種類

　ガス溶接等の作業において着用すべき保護具を**図 51** に示す。保護具には**表 27** に示すように、それぞれの規格や法令が定められており、これらに適合したものを正しく装着する必要がある。

- ●耳栓
  ・耳への密着
  ・汚れ
- ●防じんマスク
  ・顔への密着
  ・汚れ、切れ、変形
  ・ろ過材の汚れ
- ●腕カバー
  （サポーター）
- ●革手袋
  ・汚れ、破れ
- ●足カバー

- ●保護帽
  ・あごひもはしっかりと締める
  ・まっすぐかぶる
  ・きず、汚れ
- ●保護眼鏡
  （遮光眼鏡）
  ・遮光度番号
  ・レンズのきず、汚れ
  ・ねじのゆるみ
- ●洗濯された清潔な作業服
  （長袖）
- ●前掛け
- ●安全靴
  （編上）
  ・ひもはしっかりと締める
  ・汚れ、切れ、割れ

図 51　ガス溶接・溶断作業時の一般的な保護具の例

表27　保護具の用途および JIS 規格

保護具の種類	用途	JIS
保護帽	飛来・落下物からの頭部保護、墜落時の保護	T 8143
保護眼鏡	有害光線からの目の保護	T 8147
遮光保護具		T 8141
保護面	スパッタや高温の粒子などの飛散からの顔面保護	T 8142
耳栓	騒音からの聴力保護	T 8161
呼吸用保護具 （呼吸用保護具の選択、使用および保守管理方法）	ヒュームや有毒ガスからの呼吸保護、中毒防止	T 8150
（防じんマスク）		T 8151
（防毒マスク）		T 8152
（送気マスク）		T 8153
（空気呼吸器）		T 8155
（酸素発生形循環式呼吸器）		T 8156
（電動ファン付き呼吸用保護具）		T 8157
前掛	スパッタや高温粒子からの身体保護	－
腕カバー（サポーター）	スパッタや高温粒子からの腕の保護および作業衣に入らないよう保護	－
革手袋	スパッタや高温粒子からの手の保護	－
安全靴	スパッタや高温物および落下物からの足の保護	T 8101
足カバー	スパッタや高温物からの足の保護および足首から靴に入らないよう保護	－
墜落制止用器具	高所作業時の墜落防止	T 8165 ※
その他 （衝立、養生シート、局所排気装置など）	スパッタや高温物による周囲作業者の保護、爆発・火災防止、ヒュームや有害ガスによる中毒防止など	－

※：墜落制止用器具については、「墜落制止用器具の安全な使用に関するガイドライン：基発0622第2号　2018年6月22日」や「墜落制止用器具の規格：厚生労働省告示第11号　2019年1月25日」などを参照すること。

保護具を選定、着用する際は、以下項目に注意すること。

---

① 保護具は身体に合ったものを選び、脱げたり、緩んだりしないように、着用の
時、ひもやバンドは正しく締める。

② 破れ、破損が見られる保護具は使用しない。

③ 作業着は清潔なもので、汚れ、例えば、油などが浸み込んだものは着用しな
い。汚れが衣類火災の原因になりえる。化繊は木綿に比べ燃えやすい。

④ 作業着は夏場でも長袖とする。

⑤ 保護具は作業に適したものを選定する。

（労働安全衛生総合研究所技術指針『ガス切断・ガス溶接等の作業安全技術指針（JNIOSH-TR-48：2017)』
2017 年、独立行政法人労働者健康安全機構　労働安全衛生総合研究所）

第6章　災害事例

○ガス溶接・溶断作業に関する10件の災害事例について、その発生状況、災害原因、防止対策について学ぶ。

〔事例1〕 ガス切断作業中、定盤の下に漏れて滞留していた燃料ガスが爆発

1　事業の種類　造船業
2　被害　死亡1名、負傷2名
3　発生状況

　造船所鉄工工場（約2,300㎡）内で、船舶配管用パイプ加工のため、ガス切断またはアーク溶接作業を行っていたところ、ガス爆発が生じ、「ドーン」という大きな地響きとともに作業場内に白煙が立ち込めた。作業場に積み重ねてあった鉄板や機材などが吹き飛び、爆風で吹き飛ばされたガラスの破片が散乱した（**写真40**）。この事故で作業中の従業員が全身打撲で死亡し、別の作業者と近くの道路を歩いていた人の計2名が爆風で負傷した。

　作業は、工場内に敷いた鉄板（定盤）の上で船舶用の配管の組立てを行うもので、この作業には、ガス切断やアーク溶接などが含まれていた。作業現場にはガス吹管とアー

写真40　爆風で鉄板や機材などが散乱した作業現場

ク溶接の溶接棒ホルダ（電源は ON の状態）が残されていたが、事故当時、作業者がどのような作業を行っていたかは、当該作業者が死亡し、目撃者もいないため定かではない。

　ガス切断用の燃料ガスは、プロピレン 80％、プロパン 20％の混合ガスである。このガスは、作業現場から約 100m の所にあるガス集合装置（500kg 容器 4 本）から作業場まで配管によって供給され、分配器からゴムホースで吹管に送られていた。ガス切断用酸素は、液体酸素容器から燃料ガスと同様に、配管によって近くの分配器まで供給されていた。作業用の定盤として使用していた鉄板は、複数枚のものをつないだもので、全体として約 8m × 10m の広さがあり、地面と定盤との間には、十数cmの隙間があった。

4　災害原因

　この爆発は、ガス切断用燃料ガスの漏えいによるガス爆発と思われる。漏えい箇所としては、燃料ガス配管の継手部、燃料ガス用ゴムホースの亀裂部または継手部、吹管などが考えられるが、吹管のバルブ閉止不良による吹管からの漏えいの可能性が高い。燃料ガスは、プロピレンとプロパンの混合ガスであり、このガスは空気より約 1.5 倍重いため、漏えいすると地面近くに滞留して容易に拡散しない性質がある。そのため、作業休止中のガス吹管などから漏えいしたガスが定盤下の空間に滞留していたものと考えられる。このガスの爆発下限界は、2.1vol％であり、わずかな漏えい量でも容易に爆発下限界以上の濃度に達する。また、最も激しい爆発を生ずるガス濃度は 4 ～ 5 vol％である。着火源は、ガス切断の火気またはアーク溶接の火花のいずれかと考えられる。

　いずれかの火気により定盤下の漏えい滞留ガスに着火して爆発が生じ、定盤や近くの機材を吹き飛ばしたものと推定される。

5　防止対策

①　ガス漏えい防止のため吹管、溶断用ゴムホース、配管の接続部などは、ガス漏れのないよう日常よく点検整備しておく。

②　ガス漏れのない吹管や溶断用ゴムホースを使用していても、床面に置いたときに吹管のバルブが緩み、ガス漏れすることがある。したがって、作業の休止時や終了後には吹管を放置せず、同時に分岐管等の弁を閉めておく。

③　ガス漏れを発見したときは、換気や通風を行い、漏えい箇所を確かめ、漏えい防止処置を行った後に、可燃性ガスがなくなったことをガス検知器で確認（特に床面近くを重点的にチェックする）してから作業を開始する。

〔事例 2〕廃ガソリンタンク解体作業中、タンクが爆発

1　事業の種類　金属廃棄物解体処理業

2　被害　死亡 2 名

3　発生状況

　ガソリンスタンド解体工事現場において、不要になったガソリンタンク（直径 1.5m、長さ 6.0m、円筒状）を撤去、解体するため、タンク内のガソリンを抜き取り、同タンクを地中から掘り起こした。アセチレンガス切断器でタンクの鏡板部（厚さ約 6mm）をガス切断中、突然タンク内で爆発が起こり、タンクの鏡板が破断して吹き飛び（**写真41**）、作業中の 2 名のうち 1 名は 30m 跳ね飛ばされ、他の 1 名は 12m 離れたコンクリート壁に叩きつけられて 2 名とも即死した。

4　災害原因

　不要になったガソリン貯蔵タンクなどを解体する場合は、ガス切断器で切断する方法がしばしば用いられる。タンクの内部は見た目には空であっても、少量のガソリンやタール状の残さが付着している場合が多い。このような液状またはタール状の有機物は、ガス切断器の火炎による加熱で一部気化したり熱分解したりして、ガソリンの蒸気のほかに水素や一酸化炭素などの可燃性熱分解ガスが発生する。液体の状態では少量であっても、それらがいったん気化または分解すると多量の可燃性ガスに変化する。

　ガソリンの蒸気は空気中にわずか 1.4vol％の濃度で着火源によって爆発する。ちなみに容量 10㎥のタンクの内部で爆発するのに必要な最少のガソリン量を推算すると約0.8L となる。ガソリンに限らず、ほとんどの可燃物についても同様に、10㎥の容量に対して可燃物が 1L 程度以上タンク内に残存していると、爆発の危険性があるものと考

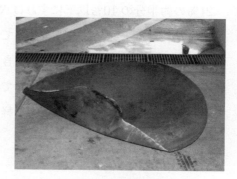

写真 41　解体中に爆発したガソリンタンクと吹き飛んだ鏡板の例

えなくてはならない。爆発濃度範囲内にある可燃性ガスや蒸気は、ガス切断器などの裸火による加熱によって、容易に発火、爆発する。

　一般に、密閉容器中での可燃性ガスや蒸気の爆発においては、0.3 ～ 0.7kPa の爆発圧力が生ずる。この圧力は、1㎡当たりに換算すると、30 ～ 70t という強力なもので、タンクの耐圧力をはるかに超えるものである。もし、タンクに大きな開口がなければ、ほとんどのガソリンタンクは、ガソリン蒸気の爆発で破壊されることとなる。タンク内の可燃物は、ガソリンに限らず、引火性の液体であれば、いずれも同じ結果となる。また、廃棄ドラム缶のガス切断時にも同様の災害が多く発生している。

5　防止対策

　爆発防止対策の基本は、燃焼の3要素である可燃物、着火源、酸素または空気のいずれかを排除することにある。

①　可燃物：最初に取るべき対策は、タンク内の可燃物を完全に排除することである。ドレンバルブや排出口から内容物を流出させるだけでは不完全である。一部の液体は底部に溜まっていたり、壁面に付着したまま残っていたりすることが多い。そこで、スチームや水で内部をよく洗浄し、さらに可燃性ガス検知器で残留ガスがないことを確認してから解体作業にかからなければならない。

②　着火源：ガス切断器により切断を行う場合は、高温の火炎でタンクの壁面を必然的に加熱することになるので、着火源を排除することはできない。ガス切断ではなく機械的な金属カッターなどを用いた場合であっても、摩擦熱や高温の切削粒子などがあり、着火源の排除は困難である。

③　酸素：可燃物と着火源があっても、酸素濃度がある限界値より低ければ爆発することはなくなる。そのためには、タンク内の空気を不活性の窒素や二酸化炭素で置換すればよい。このとき、酸素濃度をゼロにする必要はなく、空気中の酸素濃度21%の約半分の10%以下にすれば火炎は伝ぱできず、爆発は起こらない。

　また、最も手軽な他の方法としては、タンク内に水を満たして爆発エネルギーを小さくする方法がある。最初に大きめの開口を水を満たしたままで作り、その後水を抜きながら順々に小さく解体していけば、たとえ内部で着火しても、圧力が開口部から放散されて、爆発の被害を軽減することができる。

〔事例 3〕 **修理中の貨物船内でガス切断作業中、燃料タンクが爆発し、**
**　　　　火災が発生**

1　事業の種類　造船業

2　被害　死亡 12 名、負傷 11 名

3　発生状況

　造船所において、船舶（排水量 13,392t の多目的貨物船）の修理工事中の爆発火災により、船内にいた作業者および船員のうち、死亡 12 名を含む計 23 名が死傷する災害が発生した。

　修理工事の内容は、メインエンジンの整備、プロペラシャフトの抜出し点検、ハッチカバーの修理、外板塗装などであるが、当日はドック入りしたばかりであり、工事に必要な工具や動力源を船内に搬入する作業を行っていた。これらの準備作業とともに、船員の食糧を貯蔵する糧食用冷凍庫の冷却水配管の付替え工事が行われていた。この工事では、配管のフランジボルトがさびていたため、アセチレンガス切断器を用いたボルトのガス切断作業が行われた（**図 52**）。

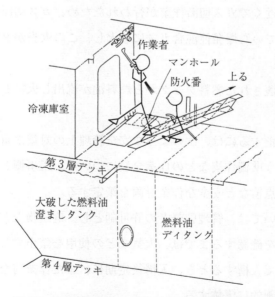

図 52　災害原因となったガス切断作業の状況

　右舷側の岸壁で作業中の作業員が「ドン」という爆発音を聞くと同時にあたりを見回したところ、右舷側甲板上の荷物搬入口から炎と黒煙が吹き出していた。ただちに通報、消火活動と被災者の救助活動が開始されたが、噴出する火炎が激しく、船内への進入は困難な状態となった。最終手段として船底の6カ所に40cm角の穴が開けられ、浸水による消火がなされた。火災の制圧後、被災者の遺体が次々と収容された。死亡者の大半は最下層のボトムデッキとその上の第4層に集中しており、大破した燃料タンクの近くにいた2名が爆死であったが、他の大多数は一酸化炭素中毒死であった。

4　災害原因

　この災害の直接の原因は、右舷第4層デッキにあった燃料油澄ましタンク（容量32.5t）上部のマンホールの隙間から漏えいしていた可燃性蒸気がガス切断の火花により引火、タンクが爆発して破壊され、内部の残存油約8.3tが船内に流出、火災となったものである。このような災害が発生した要因は次のように推定された。

① 　燃料油澄ましタンクには、通常使われるC重油（引火点70℃以上）に加えて揮発性の高い油質の燃料が混入されていたため、引火点が低くなっていた。

② 　燃料油が保温状態にあったため、引火点より高い状態にあった。

③ 　燃料タンクのマンホールが管理不良のため、マンホールの蓋とフランジとの間に隙間が生じていた。

④ 　マンホールの近くでガス切断作業が行われたため、ガス切断火花がマンホールの隙間から漏れ出ていた爆発性混合ガスに着火し、この火炎がタンク内に入り爆発に至った。

⑤ 　爆発により破壊された燃料タンクから燃料油が流出し火災となった。

5　防止対策

　この種の災害を防止するには、次のような安全管理上の対策が重要である。

① 　修理工事に伴う準備作業などの作業全般について、工事側と発注者側との事前の打合せ、船内の点検など安全な作業計画を策定する。

② 　火気作業については、管理監督者の許可制とし、危険物などによる爆発火災の危険性のないことを確認するまでは、火気などの使用を禁止する。

③ 　関係者が初めて入構するとき、入構後定期に、また作業前などの機会ごとに、安全衛生教育を計画的に実施する。

④ 　工事の種別ごとに安全衛生管理に重点を置いた体制を整備し、作業の指示・指揮を徹底する。

〔事例4〕 ガス集合装置配管腐食部からガスが漏れて爆発

1　事業の種類　船舶製造・修理業

2　被害　死亡1名

3　発生状況

　造船所事業場内で、浮きドックの船首左舷のサイドタンク（高さ6m、幅2m、長さ8.6m）側面のタラップの取替作業中、突然同タンクが爆発し、鋼壁が大破したため、そばを歩行中の作業者が反対側の鋼壁まで吹き飛ばされて即死した（**図53**）。

　浮きドックは、1,000tの修理用船台（全長73m、幅21m）で、甲板と鋼壁（サイドタンク）から構成されており、ドックの浮沈は甲板下と鋼壁内の24カ所に区切られたブロックに海水を流入させることによって行っている。爆発時、甲板面近くまで海水が入れられていた。被災者は事故直前、サイドタンク側面にタラップを取り付けるためアーク溶接作業を行っており、アーク溶接棒を持った状態で移動中に発生した。他に火気の使用は行われていなかった。爆発したサイドタンク内上部には、ガス切断作業用鋼製ガス供給管（25A）および酸素供給管（25A）が設置されていた。なお、溶断用ガスは陸上のガス集合装置から配管によって供給されており、燃料ガスはプロピレン80％、プロパン20％混合ガスで、12本のボンベから圧力0.06MPaで供給され、酸素は液化酸素タンクから圧力0.05MPaで供給されていた。

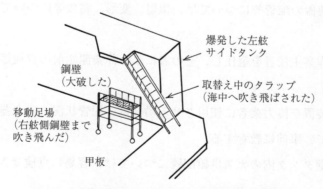

図53　爆発が生じた浮きドック船首左舷の状況

4 災害原因

事故後の調査により、①爆発したサイドタンク内の燃料ガス配管に、腐食による長さ3cm、幅2cmの穴が発見されたこと、②災害の発生までの約16時間にわたり、鋼壁タンク内の配管に燃料ガスが供給されていたこと、③鋼壁タンク表面は腐食によりさびており、随所に小さな穴が認められたことが分かった。これらのことから、鋼壁タンク（容積85㎥）内に、腐食したガス配管から燃料ガスが漏れ、爆発性混合ガスが形成され、鋼壁の腐食孔から甲板上に流出していた。このガスに移動中の作業者の溶接棒が作業用鋼管移動足場または取付け中のタラップ等に触れたときのスパークによって着火、タンク内のガスに引火し爆発したものと推定された。さらに、災害発生要因として、

①　鋼壁タンク内のガス供給配管を含むガス集合装置について、設置以来6年以上にわたって、定期自主検査が行われていなかった。

②　鋼壁タンク内下部には常に海水が入っており、鋼管が腐食しやすい環境下にあった。

③　ガス溶接作業主任者が選任されておらず、ガス集合装置の管理がなされていなかった。

などが挙げられる。

5 防止対策

この種の災害を防止するには、次のような安全管理上の対策と技術的対策が必要である。

①　ガス集合装置の配管等については、損傷、変形、腐食等について定期自主検査を実施する。

②　ガス溶接作業主任者を選任し、その者による作業開始前の点検等を確実に実施する。

③　ガス集合装置を協力業者に使用させる場合は、配管状況、安全器、バルブ開閉要領等について、事前に教育する。

④　ドック鋼壁タンク内のガス供給配管については、容易に点検できるように外付けとする。

⑤　ガス配管については、亜鉛メッキ表面処理などによる腐食しにくい材質のものを使用し、未使用部分は閉塞するか撤去する。

〔事例5〕　建設現場でガス切断作業中、発泡プラスチック断熱材に引火し
　　　火災

1　事業の種類　建設工事業
2　被害　死亡4名
3　発生状況

　建設中の市営多目的ホール（鉄筋コンクリート造3階建）の内装、仕上げ工事において、2階天井裏でつり下げ構造の点検用通路（キャットウォーク）を取り付ける工事を行っていた。2階のはりに埋め込まれていた取付け用のボルトの位置がずれていたので、取付け位置を変更するため、不要のボルトをアセチレンガス切断器でガス切断中（写真42）、天井裏の壁やはりに吹き付けられていた厚さ約15mmの発泡プラスチック断熱材に引火し、火災となった。

　作業に先立って、ボルト近くの断熱材ははがされていたが、十分でなく、ボルト付近の断熱材がチョロチョロと燃えだした。前に同じようなことが起こったときには、手ではたいて消し止めていたので、そのまま作業を続けていたところ、火勢が強くなり、手

写真42　キャットウォーク取付け吊り金具用ボルトの状況
（4本のボルトのうち1本切断され、3本残っている）

に負えなくなってしまった。

　このため、3階部分で内装工事中の作業者4名が、火炎と黒煙に巻かれ、逃げ遅れて全身火傷で死亡した。

4　災害原因

　すでに発泡プラスチック断熱材が吹き付けてある場所において、アセチレンガス切断器を用いてガス切断を行ったため、ガスバーナーの火が断熱材に引火し、火災となったものである。

5　防止対策

　発泡プラスチック系断熱材は難燃性等の表示にかかわらず急速に燃焼が拡がる危険が考えられることに特に留意し、以下の安全管理上の対策が必要である。

① 　建設工事の実施計画において、発泡プラスチック系断熱材を使用する作業の有無、既存建物の改修工事等の作業箇所における断熱材の使用の有無について確認し、当該断熱材の種類および燃焼性に留意した適切な火気管理計画を策定する。

② 　新築工事において発泡プラスチック系断熱材を使用する場合は、当該作業実施後は当該場所でのガス溶接・溶断等火気を使用する作業を行わない作業計画を策定する。

③ 　発泡プラスチック系断熱材を使用する、または使用されていることを確認した場合には、当該場所にその旨と火気厳禁についての表示を行う。

④ 　発泡プラスチック系断熱材を使用している場所でやむを得ず火気を使用する場合には、不燃性のボードやシート等で遮蔽するとともに、あらかじめ適切な消火器を配置する等消火のための対策を講じる。

⑤ 　発泡プラスチック系断熱材を使用する作業および使用されている場所で火気を使用する場合には、当該作業を指揮する者を定めて、その者が直接作業を指揮する。

〔事例 6〕化学工場において、解体のため配管をガス切断した際に引火

1　事業の種類　機械器具設置工事業

2　被害　負傷 3 名

3　発生状況

　化学工場において、業者が解体工事を行っていた。まずガス切断作業の前に高圧水を用いてタンクや配管の洗浄作業を高所作業車とローリングタワーを使って行った。そして、作業者 3 名が手分けしてトルエン用のタンクに接続している配管 2 本のガス切断を始めたところ（**図 54**）、爆発音がして配管の下部にあるピットが燃え上がり、ちょうどその上方で高所作業を行っていたために避難が遅れ、3 名が負傷した。

4　災害原因

　高圧水による洗浄を実施してはいたが、不十分であったため、トルエンが残留していた。さらに、配管の末端部に閉止板を入れていなかったため、配管内の残留トルエンがピットへ流れ出ていた。そして、ガス切断作業前に可燃性ガスの有無を確認しないまま作業を始めてしまったため、爆発したとみられる。

　なお、解体を請け負った業者にトルエンなどの危険性・有害性情報が発注者から提供されておらず、解体工事の計画も十分に練られていなかった。

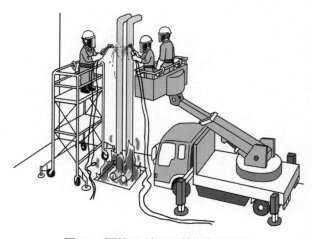

図 54　配管のガス切断作業の状況

5　防止対策

①　危険物が存在するおそれがある作業場所においては、その危険物に関する危険性・有害性情報を得た上で工事計画を立てる。

②　タンクや配管類から危険物を除去する場合は、その作業を的確に実施するとともに作業後にはその危険物の有無を確認する。

③　配管類については隣接区域との間の予期しない流入や流出が起こることがあるから、工事区域を明確に定めて、隣接区域との境界に閉止板を入れておく。

④　発注者は危険物の情報を提供するとともに、受注者は作業者への的確な安全衛生教育を行う。

〔事例7〕ビルの看板の解体工事後、しばらく経ってから出火し全焼

1　事業の種類　解体工事業

2　被害　死亡2名（消防士）

3　発生状況

　3階建ての木造一部鉄筋コンクリート造りのビルにおいて、テナントが退去し空きビルとなったので、外壁に取り付けられている看板の撤去作業を行っていた。アクリル製の看板を撤去した後、ガス切断器を使用して鋼製の箱形の枠部分を解体した。続いて、箱枠の土台として外壁に取り付けられていたアングル材を取り外すため、アングル材を適度な長さに切断しながら、外壁に固定しているボルトの頭を切断して落とし、アングル材を取り外していった（**図55**）。

　看板と土台の撤去作業を終えた解体業者が帰社してから数十分後、別会社の作業者が後片付け中に2階の天井付近から煙が出ているのを発見し、消防に通報した。

　到着した消防士5名がビル内に入り消火作業中、火の回りが速かったため、うち2名が行方不明となり、ビルが全焼後に焼死しているのが発見された。

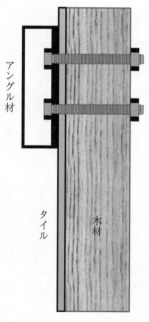

図55　アングル材取付部の断面図

4　災害原因

　事故後の検証の結果、出火場所は看板用のアングル材が取り付けられていた場所の壁面付近であることが分かった。その外壁はコンクリート製ではなく、木造の外側面にモルタル塗りをして、その上にタイル材が貼られていた。アングル材を外壁に固定しているボルトは、木製の柱を貫通していた。このため、ボルトの頭とその周辺を切断した際に、タイル材の裏側のボルトが接触していた木材に高熱が伝わり、くすぶり燃焼を起こし始めた。そして、このくすぶり燃焼が持続した結果、空気流入量の増加、あるいは、燃えやすい可燃物への延焼をきっかけに火災が急速に拡大したと推定された。

　外壁面がタイル貼りであったことが不燃性の意識を生み、また、内部の焼け具合を覆い隠すことになった。さらに、古い建物で木材が乾燥していたこと、チリや埃が堆積していたことなどが原因であろう。

5　防止対策

① 作業場所の近くに可燃物がないことを作業前に確認する。

② 可燃物があれば、作業前に作業場所から遠ざける。

③ 可燃物を撤去することができない場合には、火気作業を行わない。

④ 作業終了後には、周辺の高温部に水をかけるなどによって冷却する。

〔事例 8〕トラックに積んでいたガスボンベから漏れたガスが爆発

1　事業の種類　鉄筋工事業

2　被害　死亡 1 名、負傷 3 名

3　発生状況

　鉄筋コンクリート造りの建築現場において、トラックに積んでいたガスボンベからゴムホースを約 100m 延ばして、鉄筋の溶接作業を行っていた。休憩時間を終えてトラックの車内から降りた作業員がガス臭に気付き、元栓を閉めようとしたところ、突然爆発が起こった。この爆発により、トラックの荷台に掛けてあった幌が金属の枠組を残して焼失した。また、トラックにいた 2 名が死傷し、近くの乗用車の車内で休憩していた 2 名が割れた窓ガラスなどにより軽傷を負った。

4　災害原因

　トラックの荷台に積んでいたガスボンベは、アセチレンが 6 本、酸素が 3 本であり、ベルトなどでトラックに固定され、荷台には幌が掛けられていた。休憩に入る際にガスボンベの元栓を閉めておらず、漏れていたアセチレンガスが幌を掛けられて通風換気が悪かった荷台に滞留し、元栓を閉めようとした際に静電気などの何らかの着火源により爆発を起こしたとみられる。

5　防止対策

① 　建築現場などの出先での溶接作業にあたっては、車両にガスボンベを積載することは多い。作業場所と駐車場所が近く、ガスボンベを積載したままで作業をする場合には、日差しを遮るようにする一方、通風換気が不十分にならないようにする。

② 　休憩時や作業の中断時には、こまめに元栓の開け閉めをする。

③ 　作業場所とガスボンベが遠くなると、ゴムホースを長く引き回すことによる危険性や元栓の開閉に時間を要することがあるので避ける。

〔事例9〕亜鉛びき配管の切断作業中、酸化亜鉛ヒュームにより中毒

1　事業の種類　廃棄物処理業

2　被害　負傷1名

3　発生状況

　この災害は、既設建築物の冷暖房設備の配管の撤去工事を行っていた作業者が急性中毒を負ったものである。

　災害発生当日、Aは、B社の元請けであるC社の現場監督者の指示に従い、午前から建物の6階から8階までの配管室内の冷暖房用亜鉛びき配管（直径20cm）の撤去作業に着手した。撤去作業は、ガス切断器を使って配管室内に上下に通っている配管を天井部と床部の2カ所で切断するもので、保護眼鏡と保護帽は着用していたものの、防じんマスク等呼吸用保護具は着用していなかった。なお、C社の現場監督者からは、ガス切断中に発生する酸化亜鉛ヒュームの有害性の説明や保護具の着用、換気の実施等の指示は行われなかった。

　配管室には窓および換気設備が設けられておらず、ガス切断による煙と熱が内部にこもったが、Aは作業を継続した。昼前、Aの作業の様子を見たC社の現場監督者が配管室内の空気を外部に排出するため可搬式の排風機を作業現場に持ち込んだものの、あまり効果は見られなかった（**図56**）。

　Aは、午後も作業を続け、計22本の配管を撤去した。

　その後Aは帰宅し食事中に気分が悪くなり、悪寒と40℃の発熱により病院にて診察を受けた結果、酸化亜鉛ヒュームを吸入したことによる急性中毒と診断され、12日間入院し、5日間の自宅療養の後、職場に復帰した。

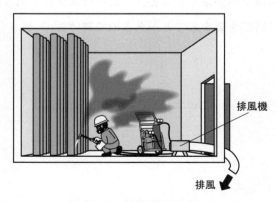

排風機

排風

図56　災害発生状況

4　災害原因

①　換気が不十分な屋内作業場（配管室内）で、局所排気か、全体換気をするなど十分な換気を行わず、作業者に保護具を着用させないで亜鉛びき鋼管のガス切断作業を行わせた。

②　被災者はガス溶接技能講習を受講していない無資格者であり、ガス溶接等における危険有害性について認識がなかった。

③　ガス溶接作業主任者によるガス溶断作業の適切な作業指示がなされていなかった。

5　防止対策

①　金属等のガス溶接等作業を行うことにより有害なガス、蒸気、粉じん等を発生するおそれのある屋内作業場については、事前に安全衛生を確保するための作業計画を立てるとともに、災害防止のため局所排気装置を設けるか全体換気をするなどにより十分な換気をする。

②　作業者に対して、災害防止のための安全衛生教育を実施する。

③　有害ガスの種類に応じた防毒マスクあるいは送気マスクを着用する。

④　ガス溶断作業は有資格者に行わせる。

⑤　ガス溶接作業主任者を選任し、この者が現場に即応した安全衛生を確保するための作業指示を行う。

〔事例 10〕 機械設備解体工事中、チェーンで吊られた部材が落下

1　事業の種類　機械器具設置工事業

2　被害　死亡 1 名

3　発生状況

　この災害は、コンクリート製品製造工場の機械設備解体工事において、製品搬送機の吊り装置の昇降用チェーンをガス溶断する作業で発生したものである。

　災害発生当日の作業は 4 名で行われ、ガス切断を受け持っていた作業者が、作業の都合で手すきになったことから、一人で近くにあったこの日解体する予定の同じラインのローダを解体する作業にとりかかった。解体しようとしていたローダには、コンクリート製品の型枠を吊るための吊り装置が取り付けられており、最上部まで 2 カ所の昇降用チェーンで吊り上げられていた。解体作業者がこの吊り装置の真下に入り、片側の昇降用チェーンをガスで切断したあと、反対側のチェーンを切断したときに吊り装置が落下し、下にいた作業者が押しつぶされて死亡した（**図 57**）。

図 57　災害発生状況

4　災害原因

① 機械設備等の解体作業について、機械設備等の倒壊および部材等の落下等による危険を防止するため、解体作業の方法および手順、機械設備等の倒壊、落下等の防止の方法を定めた作業手順書等が定められていなかった。

② 関係作業者に対し、機械設備等の解体作業についての作業範囲、作業方法、作業手順等について周知徹底がなされていなかった。

③ 作業者が、吊り装置の落下防止措置がしてない状態のまま、2カ所の昇降用チェーンをガス切断した。

④ ガス切断で吊り装置の解体作業を行っていた作業者が、この機械の構造についてよくわかっていなかった。

5　防止対策

① 機械設備等の解体作業について、機械設備等の倒壊および部材等の落下等による危険を防止するため、あらかじめこれらの機械設備等の形状、構造、周囲の状況等を調査し、解体作業の方法および手順、機械設備等の倒壊、落下等を防止する方法を定めた作業手順書等を作成し、この作業手順書等により作業を行う。

② 吊られている状態の機械設備等を解体するときは、あらかじめそれらの工作物等の落下による危険を防止するため、支持物等によりそれらを支持した状態にして作業を行う。

第7章　関係法令等

○労働安全衛生法、同法施行令、労働安全衛生規則等の関係法令を理解する。

7.1　労働安全衛生法の目的

　労働安全衛生法は、職場を、労働者が安全で健康的に働けるものとするために、事業者、国、労働者が最低限なすべきことを示したものである。

　法律には、その法律の目的と、その法律ではどのような意味でその言葉を使うかという定義と、誰それはこれこれをする・してはならないという義務事項とが書かれている。法律は国会の議決により定められる。

　法律で定めた義務について、誰・どれを対象に、何を行うか、という細かい具体的なことについては、政令や省令に書かれている。政令は内閣により、省令は法律を所管する大臣により定められている。

　労働安全衛生法では、第1条に目的が書かれている。すなわち、「職場における労働者の安全と健康を確保する」ことと「快適な職場環境の形成を促進することを目的」としている。それを実現する手段として「労働災害の防止のための危害防止基準の確立」、「責任体制の明確化」、「自主的活動の促進の措置」、「（労働災害の）防止に関する総合的計画的な対策を推進すること」が示されている。また、「労働基準法と相まって」行うこととされている。第2条に用語の定義が書かれ、第3条以降に義務事項が書かれている。義務事項は、義務主体別に見ると、①事業者の義務、②労働者の義務、③国の義務、がある。

7.2　労働安全衛生法の概要

　ガス溶接に関係する規定については 7.3 以降に条文を抜粋している。労働安全衛生法の規定は次のとおりである。

　第 14 条には、ある作業（具体的には政令で示されている）を行う場合、事業者は、作業主任者を選任しなくてはならない、とされている。

　第 20 条には、機械、化学物質、エネルギーなどからの危険を防止するための必要な措置を事業者が講じなくてはならないとされ、この条文を根拠に、一定の要件を備えた機械等でないと取り扱ってはならないと規制がなされている。具体的には労働安全衛生規則等にて詳細に規定されている。

　また、労働者に対して教育を行うこと（第 59 条）、資格を有している者に業務を行わせること（第 61 条）とされている。

　国の義務としては、免許等の資格制度を運用すること（第 72 条）、その取得のために免許試験（第 75 条）があることが規定されている。

7.3 労働安全衛生法（抄）

昭和 47 年 6 月　8 日法律第 57 号

最終改正　令和元年 6 月 14 日法律第 37 号

第 1 章　総則

（目的）

第 1 条　この法律は、労働基準法（昭和 22 年法律第 49 号）と相まつて、労働災害の防止のための危害防止基準の確立、責任体制の明確化及び自主的活動の促進の措置を講ずる等その防止に関する総合的計画的な対策を推進することにより職場における労働者の安全と健康を確保するとともに、快適な職場環境の形成を促進することを目的とする。

（定義）

第 2 条　この法律において、次の各号に掲げる用語の意義は、それぞれ当該各号に定めるところによる。

1　労働災害　労働者の就業に係る建設物、設備、原材料、ガス、蒸気、粉じん等により、又は作業行動その他業務に起因して、労働者が負傷し、疾病にかかり、又は死亡することをいう。

2　労働者　労働基準法第 9 条に規定する労働者（同居の親族のみを使用する事業又は事務所に使用される者及び家事使用人を除く。）をいう。

3　事業者　事業を行う者で、労働者を使用するものをいう。

（事業者等の責務）

第 3 条　事業者は、単にこの法律で定める労働災害の防止のための最低基準を守るだけでなく、快適な職場環境の実現と労働条件の改善を通じて職場における労働者の安全と健康を確保するようにしなければならない。また、事業者は、国が実施する労働災害の防止に関する施策に協力するようにしなければならない。

②　機械、器具その他の設備を設計し、製造し、若しくは輸入する者、原材料を製造し、若しくは輸入する者又は建設物を建設し、若しくは設計する者は、これらの物の設計、製造、輸入又は建設に際して、これらの物が使用されることによる労働災害の発生の防止に資するように努めなければならない。

第 4 条　労働者は、労働災害を防止するため必要な事項を守るほか、事業者その他の

関係者が実施する労働災害の防止に関する措置に協力するように努めなければならない。

第 3 章　安全衛生管理体制

（総括安全衛生管理者）

第 10 条　事業者は、政令で定める規模の事業場ごとに、厚生労働省令で定めるところにより、総括安全衛生管理者を選任し、その者に安全管理者、衛生管理者又は第 25条の 2 第 2 項の規定により技術的事項を管理する者の指揮をさせるとともに、次の業務を統括管理させなければならない。

1　労働者の危険又は健康障害を防止するための措置に関すること。

2　労働者の安全又は衛生のための教育の実施に関すること。

3　健康診断の実施その他健康の保持増進のための措置に関すること。

4　労働災害の原因の調査及び再発防止対策に関すること。

5　前各号に掲げるもののほか、労働災害を防止するため必要な業務で、厚生労働省令で定めるもの

②　総括安全衛生管理者は、当該事業場においてその事業の実施を統括管理する者をもつて充てなければならない。

③　都道府県労働局長は、労働災害を防止するため必要があると認めるときは、総括安全衛生管理者の業務の執行について事業者に勧告することができる。

（作業主任者）

第 14 条　事業者は、高圧室内作業その他の労働災害を防止するための管理を必要とする作業で、政令で定めるものについては、都道府県労働局長の免許を受けた者又は都道府県労働局長の登録を受けた者が行う技能講習を修了した者のうちから、厚生労働省令で定めるところにより、当該作業の区分に応じて、作業主任者を選任し、その者に当該作業に従事する労働者の指揮その他の厚生労働省令で定める事項を行わせなければならない。

（安全管理者等に対する教育等）

第 19 条の 2　事業者は、事業場における安全衛生の水準の向上を図るため、安全管理者、衛生管理者、安全衛生推進者、衛生推進者その他労働災害の防止のための業務に従事する者に対し、これらの者が従事する業務に関する能力の向上を図るための教育、講習等を行い、又はこれらを受ける機会を与えるように努めなければならない。

②　厚生労働大臣は、前項の教育、講習等の適切かつ有効な実施を図るため必要な指針を公表するものとする。

③　厚生労働大臣は、前項の指針に従い、事業者又はその団体に対し、必要な指導等を行うことができる。

第4章　労働者の危険又は健康障害を防止するための措置

（事業者の講ずべき措置等）

第20条　事業者は、次の危険を防止するため必要な措置を講じなければならない。

1　機械、器具その他の設備（以下「機械等」という。）による危険

2　爆発性の物、発火性の物、引火性の物等による危険

3　電気、熱その他のエネルギーによる危険

第21条　事業者は、掘削、採石、荷役、伐木等の業務における作業方法から生ずる危険を防止するため必要な措置を講じなければならない。

②　事業者は、労働者が墜落するおそれのある場所、土砂等が崩壊するおそれのある場所等に係る危険を防止するため必要な措置を講じなければならない。

第22条　事業者は、次の健康障害を防止するため必要な措置を講じなければならない。

1　原材料、ガス、蒸気、粉じん、酸素欠乏空気、病原体等による健康障害

2　放射線、高温、低温、超音波、騒音、振動、異常気圧等による健康障害

3　計器監視、精密工作等の作業による健康障害

4　排気、排液又は残さい物による健康障害

第23条　事業者は、労働者を就業させる建設物その他の作業場について、通路、床面、階段等の保全並びに換気、採光、照明、保温、防湿、休養、避難及び清潔に必要な措置その他労働者の健康、風紀及び生命の保持のため必要な措置を講じなければならない。

第24条　事業者は、労働者の作業行動から生ずる労働災害を防止するため必要な措置を講じなければならない。

第25条　事業者は、労働災害発生の急迫した危険があるときは、直ちに作業を中止し、労働者を作業場から退避させる等必要な措置を講じなければならない。

第25条の2　建設業その他政令で定める業種に属する事業の仕事で、政令で定めるものを行う事業者は、爆発、火災等が生じたことに伴い労働者の救護に関する措置がとられる場合における労働災害の発生を防止するため、次の措置を講じなければならない。

1　労働者の救護に関し必要な機械等の備付け及び管理を行うこと。

2　労働者の救護に関し必要な事項についての訓練を行うこと。

3　前二号に掲げるもののほか、爆発、火災等に備えて、労働者の救護に関し必要な事項を行うこと。

② 前項に規定する事業者は、厚生労働省令で定める資格を有する者のうちから、厚生労働省令で定めるところにより、同項各号の措置のうち技術的事項を管理する者を選任し、その者に当該技術的事項を管理させなければならない。

第26条　労働者は、事業者が第20条から第25条まで及び前条第1項の規定に基づき講ずる措置に応じて、必要な事項を守らなければならない。

第27条　第20条から第25条まで及び第25条の2第1項の規定により事業者が講ずべき措置及び前条の規定により労働者が守らなければならない事項は、厚生労働省令で定める。

② 前項の厚生労働省令を定めるに当たつては、公害（環境基本法（平成5年法律第91号）第2条第3項に規定する公害をいう。）その他一般公衆の災害で、労働災害と密接に関連するものの防止に関する法令の趣旨に反しないように配慮しなければならない。

（事業者の行うべき調査等）

第28条の2　事業者は、厚生労働省令で定めるところにより、建設物、設備、原材料、ガス、蒸気、粉じん等による、又は作業行動その他業務に起因する危険性又は有害性等（第57条第1項の政令で定める物及び第57条の2第1項に規定する通知対象物による危険性又は有害性等を除く。）を調査し、その結果に基づいて、この法律又はこれに基づく命令の規定による措置を講ずるほか、労働者の危険又は健康障害を防止するため必要な措置を講ずるように努めなければならない。ただし、当該調査のうち、化学物質、化学物質を含有する製剤その他の物で労働者の危険又は健康障害を生ずるおそれのあるものに係るもの以外のものについては、製造業その他厚生労働省令で定める業種に属する事業者に限る。

② 厚生労働大臣は、前条第1項及び第3項に定めるもののほか、前項の措置に関して、その適切かつ有効な実施を図るため必要な指針を公表するものとする。

③ 厚生労働大臣は、前項の指針に従い、事業者又はその団体に対し、必要な指導、援助等を行うことができる。

（注文者の講ずべき措置）

第31条 特定事業の仕事を自ら行う注文者は、建設物、設備又は原材料（以下「建設物等」という。）を、当該仕事を行う場所においてその請負人（当該仕事が数次の請負契約によつて行われるときは、当該請負人の請負契約の後次のすべての請負契約の当事者である請負人を含む。第31条の4において同じ。）の労働者に使用させるときは、当該建設物等について、当該労働者の労働災害を防止するため必要な措置を講じなければならない。

② 前項の規定は、当該事業の仕事が数次の請負契約によつて行なわれることにより同一の建設物等について同項の措置を講ずべき注文者が2以上あることとなるときは、後次の請負契約の当事者である注文者については、適用しない。

（厚生労働省令への委任）

第36条 第30条第1項若しくは第4項、第30条の2第1項若しくは第4項、第30条の3第1項若しくは第4項、第31条第1項、第31条の2、第32条第1項から第5項まで、第33条第1項若しくは第2項又は第34条の規定によりこれらの規定に定める者が講ずべき措置及び第32条第6項又は第33条第3項の規定によりこれらの規定に定める者が守らなければならない事項は、厚生労働省令で定める。

第5章 機械等並びに危険物及び有害物に関する規制
第1節 機械等に関する規制

（譲渡等の制限等）

第42条 特定機械等以外の機械等で、別表第2に掲げるものその他危険若しくは有害な作業を必要とするもの、危険な場所において使用するもの又は危険若しくは健康障害を防止するため使用するもののうち、政令で定めるものは、厚生労働大臣が定める規格又は安全装置を具備しなければ、譲渡し、貸与し、又は設置してはならない。

別表第2（第42条関係、抜粋）

8 防じんマスク

16 電動ファン付き呼吸用保護具

第43条の2 厚生労働大臣又は都道府県労働局長は、第42条の機械等を製造し、又は輸入した者が、当該機械等で、次の各号のいずれかに該当するものを譲渡し、又は貸与した場合には、その者に対し、当該機械等の回収又は改善を図ること、当該機械等

を使用している者へ厚生労働省令で定める事項を通知することその他当該機械等が使用されることによる労働災害を防止するため必要な措置を講ずることを命ずることができる。

1　次条第5項の規定に違反して、同条第4項の表示が付され、又はこれと紛らわしい表示が付された機械等

2　第44条の2第3項に規定する型式検定に合格した型式の機械等で、第42条の厚生労働大臣が定める規格又は安全装置（第4号において「規格等」という。）を具備していないもの

3　第44条の2第6項の規定に違反して、同条第5項の表示が付され、又はこれと紛らわしい表示が付された機械等

4　第44条の2第1項の機械等以外の機械等で、規格等を具備していないもの

（定期自主検査）

第45条　事業者は、ボイラーその他の機械等で、政令で定めるものについて、厚生労働省令で定めるところにより、定期に自主検査を行ない、及びその結果を記録しておかなければならない。

②　事業者は、前項の機械等で政令で定めるものについて同項の規定による自主検査のうち厚生労働省令で定める自主検査（以下「特定自主検査」という。）を行うときは、その使用する労働者で厚生労働省令で定める資格を有するもの又は第54条の3第1項に規定する登録を受け、他人の求めに応じて当該機械等について特定自主検査を行う者（以下「検査業者」という。）に実施させなければならない。

③　厚生労働大臣は、第1項の規定による自主検査の適切かつ有効な実施を図るため必要な自主検査指針を公表するものとする。

④　厚生労働大臣は、前項の自主検査指針を公表した場合において必要があると認めるときは、事業者若しくは検査業者又はこれらの団体に対し、当該自主検査指針に関し必要な指導等を行うことができる。

（第57条第1項の政令で定める物及び通知対象物について事業者が行うべき調査等）

第57条の3　事業者は、厚生労働省令で定めるところにより、第57条第1項の政令で定める物及び通知対象物による危険性又は有害性等を調査しなければならない。

②　事業者は、前項の調査の結果に基づいて、この法律又はこれに基づく命令の規定による措置を講ずるほか、労働者の危険又は健康障害を防止するため必要な措置を講ずるように努めなければならない。

③ 厚生労働大臣は、第28条第1項及び第3項に定めるもののほか、前二項の措置に関して、その適切かつ有効な実施を図るため必要な指針を公表するものとする。

④ 厚生労働大臣は、前項の指針に従い、事業者又はその団体に対し、必要な指導、援助等を行うことができる。

第6章　労働者の就業に当たつての措置

（安全衛生教育）

第59条　事業者は、労働者を雇い入れたときは、当該労働者に対し、厚生労働省令で定めるところにより、その従事する業務に関する安全又は衛生のための教育を行なわなければならない。

② 前項の規定は、労働者の作業内容を変更したときについて準用する。

③ 事業者は、危険又は有害な業務で、厚生労働省令で定めるものに労働者をつかせるときは、厚生労働省令で定めるところにより、当該業務に関する安全又は衛生のための特別の教育を行なわなければならない。

第60条　事業者は、その事業場の業種が政令で定めるものに該当するときは、新たに職務につくこととなつた職長その他の作業中の労働者を直接指導又は監督する者（作業主任者を除く。）に対し、次の事項について、厚生労働省令で定めるところにより、安全又は衛生のための教育を行なわなければならない。

1　作業方法の決定及び労働者の配置に関すること。

2　労働者に対する指導又は監督の方法に関すること。

3　前二号に掲げるもののほか、労働災害を防止するため必要な事項で、厚生労働省令で定めるもの

第60条の2　事業者は、前二条に定めるもののほか、その事業場における安全衛生の水準の向上を図るため、危険又は有害な業務に現に就いている者に対し、その従事する業務に関する安全又は衛生のための教育を行うように努めなければならない。

② 厚生労働大臣は、前項の教育の適切かつ有効な実施を図るため必要な指針を公表するものとする。

③ 厚生労働大臣は、前項の指針に従い、事業者又はその団体に対し、必要な指導等を行うことができる。

（就業制限）

第61条　事業者は、クレーンの運転その他の業務で、政令で定めるものについては、

都道府県労働局長の当該業務に係る免許を受けた者又は都道府県労働局長の登録を受けた者が行う当該業務に係る技能講習を修了した者その他厚生労働省令で定める資格を有する者でなければ、当該業務に就かせてはならない。

②　前項の規定により当該業務につくことができる者以外の者は、当該業務を行なつてはならない。

③　第1項の規定により当該業務につくことができる者は、当該業務に従事するときは、これに係る免許証その他その資格を証する書面を携帯していなければならない。

第8章　免許等

（免許）

第72条　第12条第1項、第14条又は第61条第1項の免許（以下「免許」という。）は、第75条第1項の免許試験に合格した者その他厚生労働省令で定める資格を有する者に対し、免許証を交付して行う。

②　次の各号のいずれかに該当する者には、免許を与えない。

　1　第74条第2項（第3号を除く。）の規定により免許を取り消され、その取消しの日から起算して1年を経過しない者

　2　前号に掲げる者のほか、免許の種類に応じて、厚生労働省令で定める者

③　第61条第1項の免許については、心身の障害により当該免許に係る業務を適正に行うことができない者として厚生労働省令で定めるものには、同項の免許を与えないことがある。

④　都道府県労働局長は、前項の規定により第61条第1項の免許を与えないこととするときは、あらかじめ、当該免許を申請した者にその旨を通知し、その求めがあつたときは、都道府県労働局長の指定する職員にその意見を聴取させなければならない。

第73条　免許には、有効期間を設けることができる。

②　都道府県労働局長は、免許の有効期間の更新の申請があつた場合には、当該免許を受けた者が厚生労働省令で定める要件に該当するときでなければ、当該免許の有効期間を更新してはならない。

（免許の取消し等）

第74条　都道府県労働局長は、免許を受けた者が第72条第2項第2号に該当するに至つたときは、その免許を取り消さなければならない。

②　都道府県労働局長は、免許を受けた者が次の各号のいずれかに該当するに至つたと

きは、その免許を取り消し、又は期間（第1号、第2号、第4号又は第5号に該当する場合にあつては、6月を超えない範囲内の期間）を定めてその免許の効力を停止することができる。

1 故意又は重大な過失により、当該免許に係る業務について重大な事故を発生させたとき。

2 当該免許に係る業務について、この法律又はこれに基づく命令の規定に違反したとき。

3 当該免許が第61条第1項の免許である場合にあつては、第72条第3項に規定する厚生労働省令で定める者となつたとき。

4 第110条第1項の条件に違反したとき。

5 前各号に掲げる場合のほか、免許の種類に応じて、厚生労働省令で定めるとき。

③ 前項第3号に該当し、同項の規定により免許を取り消された者であつても、その者がその取消しの理由となつた事項に該当しなくなつたとき、その他その後の事情により再び免許を与えるのが適当であると認められるに至つたときは、再免許を与えることができる。

（免許試験）

第75条 免許試験は、厚生労働省令で定める区分ごとに、都道府県労働局長が行う。

② 前項の免許試験（以下「免許試験」という。）は、学科試験及び実技試験又はこれらのいずれかによつて行う。

③ 都道府県労働局長は、厚生労働省令で定めるところにより、都道府県労働局長の登録を受けた者が行う教習を修了した者でその修了した日から起算して1年を経過しないものその他厚生労働省令で定める資格を有する者に対し、前項の学科試験又は実技試験の全部又は一部を免除することができる。

④ 前項の教習（以下「教習」という。）は、別表第17に掲げる区分ごとに行う。

⑤ 免許試験の受験資格、試験科目及び受験手続並びに教習の受講手続その他免許試験の実施について必要な事項は、厚生労働省令で定める。

（指定試験機関の指定）

第75条の2 厚生労働大臣は、厚生労働省令で定めるところにより、厚生労働大臣の指定する者（以下「指定試験機関」という。）に前条第1項の規定により都道府県労働局長が行う免許試験の実施に関する事務（以下「試験事務」という。）の全部又は一部を行わせることができる。

②　前項の規定による指定（以下第 75 条の 12 までにおいて「指定」という。）は、試験事務を行おうとする者の申請により行う。

③　都道府県労働局長は、第 1 項の規定により指定試験機関が試験事務の全部又は一部を行うこととされたときは、当該試験事務の全部又は一部を行わないものとする。

（免許試験員）

第 75 条の 5　指定試験機関は、試験事務を行う場合において、免許を受ける者として必要な知識及び能力を有するかどうかの判定に関する事務については、免許試験員に行わせなければならない。

②　指定試験機関は、免許試験員を選任しようとするときは、厚生労働省令で定める要件を備える者のうちから選任しなければならない。

③　指定試験機関は、免許試験員を選任したときは、厚生労働省令で定めるところにより、厚生労働大臣にその旨を届け出なければならない。免許試験員に変更があつたときも、同様とする。

④　厚生労働大臣は、免許試験員が、この法律（これに基づく命令又は処分を含む。）若しくは次条第 1 項に規定する試験事務規程に違反する行為をしたとき、又は試験事務に関し著しく不適当な行為をしたときは、指定試験機関に対し、当該免許試験員の解任を命ずることができる。

（技能講習）

第 76 条　第 14 条又は第 61 条第 1 項の技能講習（以下「技能講習」という。）は、別表第 18 に掲げる区分ごとに、学科講習又は実技講習によつて行う。

②　技能講習を行なつた者は、当該技能講習を修了した者に対し、厚生労働省令で定めるところにより、技能講習修了証を交付しなければならない。

③　技能講習の受講資格及び受講手続その他技能講習の実施について必要な事項は、厚生労働省令で定める。

別表第 18（第 76 条関係、抜粋）

　28　ガス溶接技能講習

（登録教習機関）

第 77 条　第 14 条、第 61 条第 1 項又は第 75 条第 3 項の規定による登録（以下この条において「登録」という。）は、厚生労働省令で定めるところにより、厚生労働省令で定める区分ごとに、技能講習又は教習を行おうとする者の申請により行う。

第10章　監督等

（計画の届出等）

第88条　事業者は、機械等で、危険若しくは有害な作業を必要とするもの、危険な場所において使用するもの又は危険若しくは健康障害を防止するため使用するもののうち、厚生労働省令で定めるものを設置し、若しくは移転し、又はこれらの主要構造部分を変更しようとするときは、その計画を当該工事の開始の日の30日前までに、厚生労働省令で定めるところにより、労働基準監督署長に届け出なければならない。ただし、第28条の2第1項に規定する措置その他の厚生労働省令で定める措置を講じているものとして、厚生労働省令で定めるところにより労働基準監督署長が認定した事業者については、この限りでない。

②　事業者は、建設業に属する事業の仕事のうち重大な労働災害を生ずるおそれがある特に大規模な仕事で、厚生労働省令で定めるものを開始しようとするときは、その計画を当該仕事の開始の日の30日前までに、厚生労働省令で定めるところにより、厚生労働大臣に届け出なければならない。

③　事業者は、建設業その他政令で定める業種に属する事業の仕事（建設業に属する事業にあつては、前項の厚生労働省令で定める仕事を除く。）で、厚生労働省令で定めるものを開始しようとするときは、その計画を当該仕事の開始の日の14日前までに、厚生労働省令で定めるところにより、労働基準監督署長に届け出なければならない。

④　事業者は、第1項の規定による届出に係る工事のうち厚生労働省令で定める工事の計画、第2項の厚生労働省令で定める仕事の計画又は前項の規定による届出に係る仕事のうち厚生労働省令で定める仕事の計画を作成するときは、当該工事に係る建設物若しくは機械等又は当該仕事から生ずる労働災害の防止を図るため、厚生労働省令で定める資格を有する者を参画させなければならない。

⑤　前三項の規定（前項の規定のうち、第1項の規定による届出に係る部分を除く。）は、当該仕事が数次の請負契約によつて行われる場合において、当該仕事を自ら行う発注者がいるときは当該発注者以外の事業者、当該仕事を自ら行う発注者がいないときは元請負人以外の事業者については、適用しない。

⑥　労働基準監督署長は第1項又は第3項の規定による届出があつた場合において、厚生労働大臣は第2項の規定による届出があつた場合において、それぞれ当該届出に係る事項がこの法律又はこれに基づく命令の規定に違反すると認めるときは、当該届出をした事業者に対し、その届出に係る工事若しくは仕事の開始を差し止め、又は当該

計画を変更すべきことを命ずることができる。

⑦ 厚生労働大臣又は労働基準監督署長は、前項の規定による命令（第2項又は第3項の規定による届出をした事業者に対するものに限る。）をした場合において、必要があると認めるときは、当該命令に係る仕事の発注者（当該仕事を自ら行う者を除く。）に対し、労働災害の防止に関する事項について必要な勧告又は要請を行うことができる。

（使用停止命令等）

第98条 都道府県労働局長又は労働基準監督署長は、第20条から第25条まで、第25条の2第1項、第30条の3第1項若しくは第4項、第31条第1項、第31条の2、第33条第1項又は第34条の規定に違反する事実があるときは、その違反した事業者、注文者、機械等貸与者又は建築物貸与者に対し、作業の全部又は一部の停止、建設物等の全部又は一部の使用の停止又は変更その他労働災害を防止するため必要な事項を命ずることができる。

② 都道府県労働局長又は労働基準監督署長は、前項の規定により命じた事項について必要な事項を労働者、請負人又は建築物の貸与を受けている者に命ずることができる。

③ 労働基準監督官は、前二項の場合において、労働者に急迫した危険があるときは、これらの項の都道府県労働局長又は労働基準監督署長の権限を即時に行うことができる。

7.4　労働安全衛生法施行令（抄）

昭和47年8月19日政令第318号

最終改正　令和元年6月5日政令第19号

（定義）

第1条　この政令において、次の各号に掲げる用語の意義は、当該各号に定めるところによる。

1　アセチレン溶接装置　アセチレン発生器、安全器、導管、吹管等により構成され、溶解アセチレン以外のアセチレン及び酸素を使用して、金属を溶接し、溶断し、又は加熱する設備をいう。

2　ガス集合溶接装置　ガス集合装置（10以上の可燃性ガス（別表第1第5号に掲げる可燃性のガスをいう。以下同じ。）の容器を導管により連結した装置又は9以下の可燃性ガスの容器を導管により連結した装置で、当該容器の内容積の合計が水素若しくは溶解アセチレンの容器にあつては400リツトル以上、その他の可燃性ガスの容器にあつては1,000リツトル以上のものをいう。）、安全器、圧力調整器、導管、吹管等により構成され、可燃性ガス及び酸素を使用して、金属を溶接し、溶断し、又は加熱する設備をいう。

（以下　略）

別表第1　危険物（第1条、第6条、第9条の3関係、抜粋）

5　可燃性のガス（水素、アセチレン、エチレン、メタン、エタン、プロパン、ブタンその他の温度15度、1気圧において気体である可燃性の物をいう。）

（総括安全衛生管理者を選任すべき事業場）

第2条　労働安全衛生法（以下「法」という。）第10条第1項の政令で定める規模の事業場は、次の各号に掲げる業種の区分に応じ、常時当該各号に掲げる数以上の労働者を使用する事業場とする。

1　林業、鉱業、建設業、運送業及び清掃業　100人

2　製造業（物の加工業を含む。）、電気業、ガス業、熱供給業、水道業、通信業、各種商品卸売業、家具・建具・じゆう器等卸売業、各種商品小売業、家具・建具・じゆう器小売業、燃料小売業、旅館業、ゴルフ場業、自動車整備業及び機械修理業

300人

3　その他の業種　1,000人

（作業主任者を選任すべき作業）

第6条　法第14条の政令で定める作業は、次のとおりとする。

1　略

2　アセチレン溶接装置又はガス集合溶接装置を用いて行う金属の溶接、溶断又は加熱の作業

（以下　略）

（厚生労働大臣が定める規格又は安全装置を具備すべき機械等）

第13条

①～②　略

③　法第42条の政令で定める機械等は、次に掲げる機械等（本邦の地域内で使用されないことが明らかな場合を除く。）とする。

1　アセチレン溶接装置のアセチレン発生器

2～3　略

4　アセチレン溶接装置又はガス集合溶接装置の安全器

（以下　略）

（定期に自主検査を行うべき機械等）

第15条　法第45条第1項の政令で定める機械等は、次のとおりとする。

1～5　略

6　アセチレン溶接装置及びガス集合溶接装置（これらの装置の配管のうち、地下に埋設された部分を除く。）

（以下　略）

（職長等の教育を行うべき業種）

第19条　法第60条の政令で定める業種は、次のとおりとする。

1　建設業

2　製造業。ただし、次に掲げるものを除く。

イ　食料品・たばこ製造業（うま味調味料製造業及び動植物油脂製造業を除く。）

ロ　繊維工業（紡績業及び染色整理業を除く。）

ハ　衣服その他の繊維製品製造業

ニ　紙加工品製造業（セロファン製造業を除く。）

　　ホ　新聞業、出版業、製本業及び印刷物加工業

　3　電気業

　4　ガス業

　5　自動車整備業

　6　機械修理業

（就業制限に係る業務）

第20条　法第61条第1項の政令で定める業務は、次のとおりとする。

　1～9　略

　10　可燃性ガス及び酸素を用いて行なう金属の溶接、溶断又は加熱の業務

（以下　略）

7.5　労働安全衛生規則（抄）

昭和47年9月30日 労働省令第32号

最終改正　令和元年12月13日厚生労働省令第80号

第1編　通　則
第2章　安全衛生管理体制
第5節　作業主任者
（作業主任者の選任）

第16条　法第14条の規定による作業主任者の選任は、別表第1の上欄（編注：左欄）に掲げる作業の区分に応じて、同表の中欄に掲げる資格を有する者のうちから行なうものとし、その作業主任者の名称は、同表の下欄（編注：右欄）に掲げるとおりとする。

別表第1（第16条、第17条関係、抜粋）

作業の区分	資格を有する者	名称
令第6条第2号の作業	ガス溶接作業主任者免許を受けた者	ガス溶接作業主任者

第2章の4　危険性又は有害性等の調査等
（危険性又は有害性等の調査）

第24条の11　法第28条の2第1項の危険性又は有害性等の調査は、次に掲げる時期に行うものとする。

1　建設物を設置し、移転し、変更し、又は解体するとき。

2　設備、原材料等を新規に採用し、又は変更するとき。

3　作業方法又は作業手順を新規に採用し、又は変更するとき。

4　前三号に掲げるもののほか、建設物、設備、原材料、ガス、蒸気、粉じん等による、又は作業行動その他業務に起因する危険性又は有害性等について変化が生じ、又は生ずるおそれがあるとき。

②　法第28条の2第1項ただし書の厚生労働省令で定める業種は、令第2条第1号に掲げる業種及び同条第2号に掲げる業種（製造業を除く。）とする。

（指針の公表）

第24条の12 第24条の規定は、法第28条の2第2項の規定による指針の公表について準用する。

（機械に関する危険性等の通知）

第24条の13 労働者に危険を及ぼし、又は労働者の健康障害をその使用により生ずるおそれのある機械（以下単に「機械」という。）を譲渡し、又は貸与する者（次項において「機械譲渡者等」という。）は、文書の交付等により当該機械に関する次に掲げる事項を、当該機械の譲渡又は貸与を受ける相手方の事業者（次項において「相手方事業者」という。）に通知するよう努めなければならない。

1 型式、製造番号その他の機械を特定するために必要な事項

2 機械のうち、労働者に危険を及ぼし、又は労働者の健康障害をその使用により生ずるおそれのある箇所に関する事項

3 機械に係る作業のうち、前号の箇所に起因する危険又は健康障害を生ずるおそれのある作業に関する事項

4 前号の作業ごとに生ずるおそれのある危険又は健康障害のうち最も重大なものに関する事項

5 前各号に掲げるもののほか、その他参考となる事項

② 厚生労働大臣は、相手方事業者の法第28条の2第1項の調査及び同項の措置の適切かつ有効な実施を図ることを目的として機械譲渡者等が行う前項の通知を促進するため必要な指針を公表することができる。

第3章 機械等並びに危険物及び有害物に関する規制
第1節 機械等に関する規制

（規格に適合した機械等の使用）

第27条 事業者は、法別表第2に掲げる機械等及び令第13条第3項各号に掲げる機械等については、法第42条の厚生労働大臣が定める規格又は安全装置を具備したものでなければ、使用してはならない。

（通知すべき事項）

第27条の2 法第43条の2の厚生労働省令で定める事項は、次のとおりとする。

1 通知の対象である機械等であることを識別できる事項

2 機械等が法第43条の2各号のいずれかに該当することを示す事実

（安全装置等の有効保持）

第28条　事業者は、法及びこれに基づく命令により設けた安全装置、覆^{おお}い、囲い等（以下「安全装置等」という。）が有効な状態で使用されるようそれらの点検及び整備を行なわなければならない。

第29条　労働者は、安全装置等について、次の事項を守らなければならない。

1　安全装置等を取りはずし、又はその機能を失わせないこと。

2　臨時に安全装置等を取りはずし、又はその機能を失わせる必要があるときは、あらかじめ、事業者の許可を受けること。

3　前号の許可を受けて安全装置等を取りはずし、又はその機能を失わせたときは、その必要がなくなつた後、直ちにこれを原状に復しておくこと。

4　安全装置等が取りはずされ、又はその機能を失つたことを発見したときは、すみやかに、その旨を事業者に申し出ること。

②　事業者は、労働者から前項第4号の規定による申出があつたときは、すみやかに、適当な措置を講じなければならない。

第2節　危険物及び有害物に関する規則

（調査対象物の危険性又は有害性等の調査の実施時期等）

第34条の2の7　法第57条の3第1項の危険性又は有害性等の調査（主として一般消費者の生活の用に供される製品に係るものを除く。次項及び次条第1項において「調査」という。）は、次に掲げる時期に行うものとする。

1　令第18条各号に掲げる物及び法第57条の2第1項に規定する通知対象物（以下この条及び次条において「調査対象物」という。）を原材料等として新規に採用し、又は変更するとき。

2　調査対象物を製造し、又は取り扱う業務に係る作業の方法又は手順を新規に採用し、又は変更するとき。

3　前二号に掲げるもののほか、調査対象物による危険性又は有害性等について変化が生じ、又は生ずるおそれがあるとき。

②　調査は、調査対象物を製造し、又は取り扱う業務ごとに、次に掲げるいずれかの方法（調査のうち危険性に係るものにあつては、第1号又は第3号（第1号に係る部分に限る。）に掲げる方法に限る。）により、又はこれらの方法の併用により行わなければならない。

1　当該調査対象物が当該業務に従事する労働者に危険を及ぼし、又は当該調査対象

物により当該労働者の健康障害を生ずるおそれの程度及び当該危険又は健康障害の程度を考慮する方法

2 当該業務に従事する労働者が当該調査対象物にさらされる程度及び当該調査対象物の有害性の程度を考慮する方法

3 前二号に掲げる方法に準ずる方法

（調査の結果等の周知）

第34条の2の8 事業者は、調査を行つたときは、次に掲げる事項を、前条第2項の調査対象物を製造し、又は取り扱う業務に従事する労働者に周知させなければならない。

1 当該調査対象物の名称

2 当該業務の内容

3 当該調査の結果

4 当該調査の結果に基づき事業者が講ずる労働者の危険又は健康障害を防止するため必要な措置の内容

② 前項の規定による周知は、次に掲げるいずれかの方法により行うものとする。

1 当該調査対象物を製造し、又は取り扱う各作業場の見やすい場所に常時掲示し、又は備え付けること。

2 書面を、当該調査対象物を製造し、又は取り扱う業務に従事する労働者に交付すること。

3 磁気テープ、磁気ディスクその他これらに準ずる物に記録し、かつ、当該調査対象物を製造し、又は取り扱う各作業場に、当該調査対象物を製造し、又は取り扱う業務に従事する労働者が当該記録の内容を常時確認できる機器を設置すること。

（指針の公表）

第34条の2の9 第24条の規定は、法第57条の3第3項の規定による指針の公表について準用する。

第4章　安全衛生教育

（雇入れ時等の教育）

第35条 事業者は、労働者を雇い入れ、又は労働者の作業内容を変更したときは、当該労働者に対し、遅滞なく、次の事項のうち当該労働者が従事する業務に関する安全又は衛生のため必要な事項について、教育を行なわなければならない。ただし、令第

2条第3号に掲げる業種の事業場の労働者については、第1号から第4号までの事項についての教育を省略することができる。

1　機械等、原材料等の危険性又は有害性及びこれらの取扱い方法に関すること。

2　安全装置、有害物抑制装置又は保護具の性能及びこれらの取扱い方法に関すること。

3　作業手順に関すること。

4　作業開始時の点検に関すること。

5　当該業務に関して発生するおそれのある疾病の原因及び予防に関すること。

6　整理、整頓及び清潔の保持に関すること。

7　事故時等における応急措置及び退避に関すること。

8　前各号に掲げるもののほか、当該業務に関する安全又は衛生のために必要な事項

②　事業者は、前項各号に掲げる事項の全部又は一部に関し十分な知識及び技能を有していると認められる労働者については、当該事項についての教育を省略することができる。

第5章　就業制限

（就業制限についての資格）

第41条　法第61条第1項に規定する業務につくことができる者は、別表第3の上欄（編注：左欄）に掲げる業務の区分に応じて、それぞれ、同表の下欄（編注：右欄）に掲げる者とする。

別表第3（第41条関係、抜粋）

業務の区分	業務につくことができる者
令第20条第10号の業務	1　ガス溶接作業主任者免許を受けた者 2　ガス溶接技能講習を修了した者 3　その他厚生労働大臣が定める者

第7章　免許等

第1節　免許

（免許を受けることができる者）

第62条　法第12条第1項、第14条又は第61条第1項の免許（以下「免許」という。）を受けることができる者は、別表第4の上欄（編注：左欄）に掲げる免許の種類に応じて、同表の下欄（編注：右欄）に掲げる者とする。

別表第4（第62条関係、抜粋）

ガス溶接作業主任者免許	1 次のいずれかに掲げる者であつて、ガス溶接作業主任者免許試験に合格したもの イ ガス溶接技能講習を修了した者であつて、その後3年以上ガス溶接等の業務に従事した経験を有するもの ロ 学校教育法による大学又は高等専門学校において、溶接に関する学科を専攻して卒業した者（当該学科を専攻して専門職大学前期課程を修了した者を含む。） ハ 学校教育法による大学又は高等専門学校において、工学又は化学に関する学科を専攻して卒業した者（大学改革支援・学位授与機構により学士の学位を授与された者（当該学科を専攻した者に限る。）若しくはこれと同等以上の学力を有すると認められる者又は当該学科を専攻して専門職大学前期課程を修了した者を含む。）であつて、その後1年以上ガス溶接等の業務に従事した経験を有するもの ニ 職業能力開発促進法第28条第1項の職業訓練指導員免許のうち職業能力開発促進法施行規則別表第11の免許職種の欄に掲げる塑性加工科、構造物鉄工科又は配管科の職種に係る職業訓練指導員免許を受けた者 ホ 職業能力開発促進法第27条第1項の準則訓練である普通職業訓練のうち、職業能力開発促進法施行規則別表第2の訓練科の欄に定める金属加工系溶接科の訓練を修了した者であつて、その後2年以上ガス溶接等の業務に従事した経験を有するもの ヘ 職業能力開発促進法施行規則別表第11の3の3に掲げる検定職種のうち、鉄工、建築板金、工場板金又は配管に係る一級又は二級の技能検定に合格した者であつて、その後1年以上ガス溶接等の業務に従事した経験を有するもの ト 旧保安技術職員国家試験規則による溶接係員試験に合格した者であつて、その後1年以上ガス溶接等の業務に従事した経験を有するもの

	チ　その他厚生労働大臣が定める者 2　職業能力開発促進法による職業能力開発総合大学校が行う同法第27条第1項の指導員訓練のうち職業能力開発促進法施行規則別表第9の訓練科の欄に掲げる塑性加工科又は溶接科の訓練を修了した者 3　その他厚生労働大臣が定める者

（免許の欠格事項）

第63条　ガス溶接作業主任者免許、林業架線作業主任者免許、発破技士免許又は揚貨装置運転士免許に係る法第72条第2項第2号の厚生労働省令で定める者は、満18歳に満たない者とする。

（免許の重複取得の禁止）

第64条　免許を現に受けている者は、当該免許と同一の種類の免許を重ねて受けることができない。ただし、次の各号に掲げる者が、当該各号に定める免許を受けるときは、この限りでない。

（法第72条第3項の厚生労働省令で定める者）

第65条

①〜②　略

③　ガス溶接作業主任者免許に係る法第72条第3項の厚生労働省令で定める者は、身体又は精神の機能の障害により当該免許に係る業務を適正に行うに当たつて必要な溶接機器の操作を適切に行うことができない者とする。

（障害を補う手段等の考慮）

第65条の2　都道府県労働局長は、発破技士免許、揚貨装置運転士免許又はガス溶接作業主任者免許の申請を行つた者がそれぞれ前条第1項、第2項又は第3項に規定する者に該当すると認める場合において、当該者に免許を与えるかどうかを決定するときは、当該者が現に利用している障害を補う手段又は当該者が現に受けている治療等により障害が補われ、又は障害の程度が軽減している状況を考慮しなければならない。

（条件付免許）

第65条の3　都道府県労働局長は、身体又は精神の機能の障害がある者に対して、その者が行うことのできる作業を限定し、その他作業についての必要な条件を付して、発破技士免許又はガス溶接作業主任者免許を与えることができる。

（免許の取消し等）

第66条 法第74条第2項第5号の厚生労働省令で定めるときは、次のとおりとする。

1 当該免許試験の受験についての不正その他の不正の行為があつたとき。

2 免許証を他人に譲渡し、又は貸与したとき。

3 免許を受けた者から当該免許の取消しの申請があつたとき。

（免許証の交付）

第66条の2 免許は、免許証（様式第11号）を交付して行う。この場合において、同一人に対し、日を同じくして2以上の種類の免許を与えるときは、一の種類の免許に係る免許証に他の種類の免許に係る事項を記載して、当該種類の免許に係る免許証の交付に代えるものとする。

② 免許を現に受けている者に対し、当該免許の種類と異なる種類の免許を与えるときは、その異なる種類の免許に係る免許証にその者が現に受けている免許に係る事項（その者が現に受けている免許の中にその異なる種類の免許の下級の資格についての免許がある場合にあつては、当該下級の資格についての免許に係る事項を除く。）を記載して、その者が現に有する免許証と引換えに交付するものとする。

（免許の申請手続）

第66条の3 免許試験に合格した者で、免許を受けようとするもの（次項の者を除く。）は、当該免許試験に合格した後、遅滞なく、免許申請書（様式第12号）を当該免許試験を行つた都道府県労働局長に提出しなければならない。

② 法第75条の2の指定試験機関（以下「指定試験機関」という。）が行う免許試験に合格した者で、免許を受けようとするものは、当該免許試験に合格した後、遅滞なく、前項の免許申請書に第71条の2に規定する書面を添えて当該免許試験を行つた指定試験機関の事務所の所在地を管轄する都道府県労働局長に提出しなければならない。

③ 免許試験に合格した者以外の者で、免許を受けようとするものは、第1項の免許申請書をその者の住所を管轄する都道府県労働局長に提出しなければならない。

（免許証の再交付又は書替え）

第67条 免許証の交付を受けた者で、当該免許に係る業務に現に就いているもの又は就こうとするものは、これを滅失し、又は損傷したときは、免許証再交付申請書（様式第12号）を免許証の交付を受けた都道府県労働局長又はその者の住所を管轄する都道府県労働局長に提出し、免許証の再交付を受けなければならない。

② 前項に規定する者は、氏名を変更したときは、免許証書替申請書（様式第12号）

を免許証の交付を受けた都道府県労働局長又はその者の住所を管轄する都道府県労働局長に提出し、免許証の書替えを受けなければならない。

（免許の取消しの申請手続）

第 67 条の 2　免許を受けた者は、当該免許の取消しの申請をしようとするときは、免許取消申請書（様式第 13 号）を免許証の交付を受けた都道府県労働局長又はその者の住所を管轄する都道府県労働局長に提出しなければならない。

（免許証の返還）

第 68 条　法第 74 条の規定により免許の取消しの処分を受けた者は、遅滞なく、免許の取消しをした都道府県労働局長に免許証を返還しなければならない。

②　前項の規定により免許証の返還を受けた都道府県労働局長は、当該免許証に当該取消しに係る免許と異なる種類の免許に係る事項が記載されているときは、当該免許証から当該取消しに係る免許に係る事項を抹消して、免許証の再交付を行うものとする。

（免許試験）

第 69 条　法第 75 条第 1 項の厚生労働省令で定める免許試験の区分は、次のとおりとする。

1 ～ 2　略

3　ガス溶接作業主任者免許試験

4 ～ 16　略

（受験資格、試験科目等）

第 70 条　前条第 1 号、第 1 号の 2、第 3 号、第 4 号、第 9 号及び第 10 号の免許試験の受験資格及び試験科目並びにこれらの免許試験について法第 75 条第 3 項の規定により試験科目の免除を受けることができる者及び免除する試験科目は、別表第 5 のとおりとする。

別表第5（第70条関係、抜粋）

2　ガス溶接作業主任者免許試験

受験資格	試験科目	試験科目の免除を受けることができる者	免除する試験科目
	学科試験 イ　アセチレン溶接装置及びガス集合溶接装置に関する知識 ロ　アセチレンその他の可燃性ガス、カーバイド及び酸素に関する知識 ハ　ガス溶接等の作業に関する知識 ニ　関係法令	1　別表第4ガス溶接作業主任者免許の項第1号ロからへまでに掲げる者（へに掲げる者にあつては、一級の技能検定に合格した者に限る。） 2　その他厚生労働大臣が定める者	1　アセチレン溶接装置及びガス集合溶接装置に関する知識 2　アセチレンその他の可燃性ガス、カーバイド及び酸素に関する知識

（受験手続）

第71条　免許試験を受けようとする者は、免許試験受験申請書（様式第14号）を都道府県労働局長（指定試験機関が行う免許試験を受けようとする者にあつては、指定試験機関）に提出しなければならない。

（合格の通知）

第71条の2　都道府県労働局長又は指定試験機関は、免許試験に合格した者に対し、その旨を書面により通知するものとする。

（免許試験の細目）

第72条　前三条に定めるもののほか、第69条第1号、第1号の2、第3号、第4号、第9号及び第10号に掲げる免許試験の実施について必要な事項は、厚生労働大臣が定める。

第3節　技能講習

（技能講習の受講資格及び講習科目）

第79条　法別表第18第1号から第17号まで及び第28号から第35号までに掲げる技能講習の受講資格及び講習科目は、別表第6のとおりとする。

別表第6（第79条関係、抜粋）

区分	受講資格	講習科目
ガス溶接技能講習		1　学科講習 　イ　ガス溶接等の業務のために使用する設備の構造及び取扱いの方法に関する知識 　ロ　ガス溶接等の業務のために使用する可燃性ガス及び酸素に関する知識 　ハ　関係法令 2　実技講習 　ガス溶接等の業務のために使用する設備の取扱い

（受講手続）

第80条　技能講習を受けようとする者は、技能講習受講申込書（様式第15号）を当該技能講習を行う登録教習機関に提出しなければならない。

（技能講習修了証の交付）

第81条　技能講習を行つた登録教習機関は、当該講習を修了した者に対し、遅滞なく、技能講習修了証（様式第17号）を交付しなければならない。

（技能講習修了証の再交付等）

第82条　技能講習修了証の交付を受けた者で、当該技能講習に係る業務に現に就いているもの又は就こうとするものは、これを滅失し、又は損傷したときは、第3項に規定する場合を除き、技能講習修了証再交付申込書（様式第18号）を技能講習修了証の交付を受けた登録教習機関に提出し、技能講習修了証の再交付を受けなければならない。

②　前項に規定する者は、氏名を変更したときは、第3項に規定する場合を除き、技能講習修了証書替申込書（様式第18号）を技能講習修了証の交付を受けた登録教習機関に提出し、技能講習修了証の書替えを受けなければならない。

③　第1項に規定する者は、技能講習修了証の交付を受けた登録教習機関が当該技能講

習の業務を廃止した場合（当該登録を取り消された場合及び当該登録がその効力を失つた場合を含む。）及び労働安全衛生法及びこれに基づく命令に係る登録及び指定に関する省令（昭和47年労働省令第44号）第24条第1項ただし書に規定する場合に、これを滅失し、若しくは損傷したとき又は氏名を変更したときは、技能講習修了証明書交付申込書（様式第18号）を同項ただし書に規定する厚生労働大臣が指定する機関に提出し、当該技能講習を修了したことを証する書面の交付を受けなければならない。

④　前項の場合において、厚生労働大臣が指定する機関は、同項の書面の交付を申し込んだ者が同項に規定する技能講習以外の技能講習を修了しているときは、当該技能講習を行つた登録教習機関からその者の当該技能講習の修了に係る情報の提供を受けて、その者に対して、同項の書面に当該技能講習を修了した旨を記載して交付することができる。

（都道府県労働局長が技能講習の業務を行う場合における規定の適用）

第82条の2　法第77条第3項において準用する法第53条の2第1項の規定により都道府県労働局長が技能講習の業務の全部又は一部を自ら行う場合における前三条の規定の適用については、第80条、第81条並びに前条第1項及び第2項中「登録教習機関」とあるのは、「都道府県労働局長又は登録教習機関」とする。

（技能講習の細目）

第83条　第79条から前条までに定めるもののほか、法別表第18第1号から第17号まで及び第28号から第35号までに掲げる技能講習の実施について必要な事項は、厚生労働大臣が定める。

第9章　監督等

（計画の届出をすべき機械等）

第85条　法第88条第1項の厚生労働省令で定める機械等は、法に基づく他の省令に定めるもののほか、別表第7の上欄（編注：左欄）に掲げる機械等とする。ただし、別表第7の上欄（編注：左欄）に掲げる機械等で次の各号のいずれかに該当するものを除く。

1　機械集材装置、運材索道（架線、搬器、支柱及びこれらに附属する物により構成され、原木又は薪炭材を一定の区間空中において運搬する設備をいう。以下同じ。）、架設通路及び足場以外の機械等（法第37条第1項の特定機械等及び令第6条第14

号の型枠支保工（以下「型枠支保工」という。）を除く。）で、6 月未満の期間で廃
止するもの

2　機械集材装置、運材索道、架設通路又は足場で、組立てから解体までの期間が
60 日未満のもの

（計画の届出等）

第 86 条　事業者は、別表第 7 の上欄（編注：左欄）に掲げる機械等を設置し、若しく
は移転し、又はこれらの主要構造部分を変更しようとするときは、法第 88 条第 1 項
の規定により、様式第 20 号による届書に、当該機械等の種類に応じて同表の中欄に
掲げる事項を記載した書面及び同表の下欄（編注：右欄）に掲げる図面等を添えて、
所轄労働基準監督署長に提出しなければならない。

別表第 7（第 85 条、第 86 条関係、抜粋）

機械等の種類	事項	図面等
5　アセチレン溶接装置（移動式のものを除く。）	1　発生器室の床面積、壁、屋根、天井、出入口の戸及び排気筒の構造、材質及び主要寸法並びに収容する装置の数 2　発生器の種類、型式、製造者及び製造年月 3　安全器の種類、型式、製造者、製造年月及び個数並びに構造、材質及び主要寸法 4　清浄器その他の附属器具の名称、構造、材質及び主要寸法 5　カーバイドのかすだめの構造及び容積	1　配置図 2　発生器及び安全器の構造図 3　発生器室の構造図 4　設置場所の四隣の概要を示す図面
6　ガス集合溶接装置（移動式のものを除く。）	1　ガス装置室の構造及び主要寸法並びに貯蔵するガスの名称及び最大ガス貯蔵量	1　配置図 2　安全器の構造図 3　ガス装置室の構造図

	2　ガス集合装置の構造及び主要寸法 3　安全器の種類、型式、製造者、製造年月及び個数並びに構造、材質及び主要寸法 4　配管、バルブその他の附属器具の名称、構造、材質及び主要寸法	4　設置場所の四隣の概要を示す図面

（法第88条第1項ただし書の厚生労働省令で定める措置）

第87条　法第88条第1項ただし書の厚生労働省令で定める措置は、次に掲げる措置とする。

1　法第28条の2第1項又は第57条の3第1項及び第2項の危険性又は有害性等の調査及びその結果に基づき講ずる措置

2　前号に掲げるもののほか、第24条の2の指針に従つて事業者が行う自主的活動

（認定の単位）

第87条の2　法第88条第1項ただし書の規定による認定（次条から88条までにおいて「認定」という。）は、事業場ごとに、所轄労働基準監督署長が行う。

第2編　安全基準
第4章　爆発、火災等の防止
第2節　危険物等の取扱い等

（危険物を製造する場合等の措置）

第256条　事業者は、危険物を製造し、又は取り扱うときは、爆発又は火災を防止するため、次に定めるところによらなければならない。

1　爆発性の物（令別表第1第1号に掲げる爆発性の物をいう。）については、みだりに、火気その他点火源となるおそれのあるものに接近させ、加熱し、摩擦し、又は衝撃を与えないこと。

2　発火性の物（令別表第1第2号に掲げる発火性の物をいう。）については、それぞれの種類に応じ、みだりに、火気その他点火源となるおそれのあるものに接近さ

せ、酸化をうながす物若しくは水に接触させ、加熱し、又は衝撃を与えないこと。

3　酸化性の物（令別表第1第3号に掲げる酸化性の物をいう。以下同じ。）については、みだりに、その分解がうながされるおそれのある物に接触させ、加熱し、摩擦し、又は衝撃を与えないこと。

4　引火性の物（令別表第1第4号に掲げる引火性の物をいう。以下同じ。）については、みだりに、火気その他点火源となるおそれのあるものに接近させ、若しくは注ぎ、蒸発させ、又は加熱しないこと。

5　危険物を製造し、又は取り扱う設備のある場所を常に整理整とんし、及びその場所に、みだりに、可燃性の物又は酸化性の物を置かないこと。

②　労働者は、前項の場合には、同項各号に定めるところによらなければならない。

（作業指揮者）

第257条　事業者は、危険物を製造し、又は取り扱う作業（令第6条第2号又は第8号に掲げる作業を除く。）を行なうときは、当該作業の指揮者を定め、その者に当該作業を指揮させるとともに、次の事項を行なわせなければならない。

1　危険物を製造し、又は取り扱う設備及び当該設備の附属設備について、随時点検し、異常を認めたときは、直ちに、必要な措置をとること。

2　危険物を製造し、又は取り扱う設備及び当該設備の附属設備がある場所における温度、湿度、遮光及び換気の状態等について、随時点検し、異常を認めたときは、直ちに、必要な措置をとること。

3　前各号に掲げるもののほか、危険物の取扱いの状況について、随時点検し、異常を認めたときは、直ちに、必要な措置をとること。

4　前各号の規定によりとつた措置について、記録しておくこと。

（通風等による爆発又は火災の防止）

第261条　事業者は、引火性の物の蒸気、可燃性ガス又は可燃性の粉じんが存在して爆発又は火災が生ずるおそれのある場所については、当該蒸気、ガス又は粉じんによる爆発又は火災を防止するため、通風、換気、除じん等の措置を講じなければならない。

（通風等が不十分な場所におけるガス溶接等の作業）

第262条　事業者は、通風又は換気が不十分な場所において、可燃性ガス及び酸素（以下この条及び次条において「ガス等」という。）を用いて溶接、溶断又は金属の加熱の作業を行なうときは、当該場所におけるガス等の漏えい又は放出による爆発、火災又は火傷を防止するため、次の措置を講じなければならない。

1　ガス等のホース及び吹管については、損傷、摩耗等によるガス等の漏えいのおそれがないものを使用すること。

2　ガス等のホースと吹管及びガス等のホース相互の接続箇所については、ホースバンド、ホースクリップ等の締付具を用いて確実に締付けを行なうこと。

3　ガス等のホースにガス等を供給しようとするときは、あらかじめ、当該ホースに、ガス等が放出しない状態にした吹管又は確実な止めせんを装着した後に行なうこと。

4　使用中のガス等のホースのガス等の供給口のバルブ又はコックには、当該バルブ又はコックに接続するガス等のホースを使用する者の名札を取り付ける等ガス等の供給についての誤操作を防ぐための表示をすること。

5　溶断の作業を行なうときは、吹管からの過剰酸素の放出による火傷を防止するため十分な換気を行なうこと。

6　作業の中断又は終了により作業箇所を離れるときは、ガス等の供給口のバルブ又はコックを閉止してガス等のホースを当該ガス等の供給口から取りはずし、又はガス等のホースを自然通風若しくは自然換気が十分な場所へ移動すること。

②　労働者は、前項の作業に従事するときは、同項各号に定めるところによらなければ、当該作業を行なつてはならない。

（ガス等の容器の取扱い）

第263条　事業者は、ガス溶接等の業務（令第20条第10号に掲げる業務をいう。以下同じ。）に使用するガス等の容器については、次に定めるところによらなければならない。

1　次の場所においては、設置し、使用し、貯蔵し、又は放置しないこと。

　イ　通風又は換気の不十分な場所

　ロ　火気を使用する場所及びその附近

　ハ　火薬類、危険物その他の爆発性若しくは発火性の物又は多量の易燃性の物を製造し、又は取り扱う場所及びその附近

2　容器の温度を40度以下に保つこと。

3　転倒のおそれがないように保持すること。

4　衝撃を与えないこと。

5　運搬するときは、キヤツプを施すこと。

6　使用するときは、容器の口金に付着している油類及びじんあいを除去すること。

7　バルブの開閉は、静かに行なうこと。

8　溶解アセチレンの容器は、立てて置くこと。

9　使用前又は使用中の容器とこれら以外の容器との区別を明らかにしておくこと。

（異種の物の接触による発火等の防止）

第264条　事業者は、異種の物が接触することにより発火し、又は爆発するおそれのあるときは、これらの物を接近して貯蔵し、又は同一の運搬機に積載してはならない。ただし、接触防止のための措置を講じたときは、この限りでない。

（火災のおそれのある作業の場所等）

第265条　事業者は、起毛、反毛等の作業又は綿、羊毛、ぼろ、木毛、わら、紙くずその他可燃性の物を多量に取り扱う作業を行なう場所、設備等については、火災防止のため適当な位置又は構造としなければならない。

第3節　化学設備等

（改造、修理等）

第275条　事業者は、化学設備又はその附属設備の改造、修理、清掃等を行う場合において、これらの設備を分解する作業を行い、又はこれらの設備の内部で作業を行うときは、次に定めるところによらなければならない。

1　当該作業の方法及び順序を決定し、あらかじめ、これを関係労働者に周知させること。

2　当該作業の指揮者を定め、その者に当該作業を指揮させること。

3　作業箇所に危険物等が漏えいし、又は高温の水蒸気等が逸出しないように、バルブ若しくはコックを二重に閉止し、又はバルブ若しくはコックを閉止するとともに閉止板等を施すこと。

4　前号のバルブ、コック又は閉止板等に施錠し、これらを開放してはならない旨を表示し、又は監視人を置くこと。

5　第3号の閉止板等を取り外す場合において、危険物等又は高温の水蒸気等が流出するおそれのあるときは、あらかじめ、当該閉止板等とそれに最も近接したバルブ又はコックとの間の危険物等又は高温の水蒸気等の有無を確認する等の措置を講ずること。

第275条の2　事業者は、前条の作業を行うときは、随時、作業箇所及びその周辺における引火性の物の蒸気又は可燃性ガスの濃度を測定しなければならない。

第4節　火気等の管理

（危険物等がある場所における火気等の使用禁止）

第279条　事業者は、危険物以外の可燃性の粉じん、火薬類、多量の易燃性の物又は危険物が存在して爆発又は火災が生ずるおそれのある場所においては、火花若しくはアークを発し、若しくは高温となつて点火源となるおそれのある機械等又は火気を使用してはならない。

②　労働者は、前項の場所においては、同項の点火源となるおそれのある機械等又は火気を使用してはならない。

（油類等の存在する配管又は容器の溶接等）

第285条　事業者は、危険物以外の引火性の油類若しくは可燃性の粉じん又は危険物が存在するおそれのある配管又はタンク、ドラムかん等の容器については、あらかじめ、これらの危険物以外の引火性の油類若しくは可燃性の粉じん又は危険物を除去する等爆発又は火災の防止のための措置を講じた後でなければ、溶接、溶断その他火気を使用する作業又は火花を発するおそれのある作業をさせてはならない。

②　労働者は、前項の措置が講じられた後でなければ、同項の作業をしてはならない。

（通風等の不十分な場所での溶接等）

第286条　事業者は、通風又は換気が不十分な場所において、溶接、溶断、金属の加熱その他火気を使用する作業又は研削といしによる乾式研ま、たがねによるはつりその他火花を発するおそれのある作業を行なうときは、酸素を通風又は換気のために使用してはならない。

②　労働者は、前項の場合には、酸素を通風又は換気のために使用してはならない。

（立入禁止等）

第288条　事業者は、火災又は爆発の危険がある場所には、火気の使用を禁止する旨の適当な表示をし、特に危険な場所には、必要でない者の立入りを禁止しなければならない。

（消火設備）

第289条　事業者は、建築物及び化学設備（配管を除く。）又は乾燥設備がある場所その他危険物、危険物以外の引火性の油類等爆発又は火災の原因となるおそれのある物を取り扱う場所（以下この条において「建築物等」という。）には、適当な箇所に、消火設備を設けなければならない。

②　前項の消火設備は、建築物等の規模又は広さ、建築物等において取り扱われる物の

種類等により予想される爆発又は火災の性状に適応するものでなければならない。

（防火措置）

第290条　事業者は、火炉、加熱装置、鉄製煙突その他火災を生ずる危険のある設備と建築物その他可燃性物体との間には、防火のため必要な間隔を設け、又は可燃性物体をしや熱材料で防護しなければならない。

（火気使用場所の火災防止）

第291条　事業者は、喫煙所、ストーブその他火気を使用する場所には、火災予防上必要な設備を設けなければならない。

②　労働者は、みだりに、喫煙、採だん、乾燥等の行為をしてはならない。

③　火気を使用した者は、確実に残火の始末をしなければならない。

第6節　アセチレン溶接装置及びガス集合溶接装置

第1款　アセチレン溶接装置

（圧力の制限）

第301条　事業者は、アセチレン溶接装置（令第1条第1号に掲げるアセチレン溶接装置をいう。以下同じ。）を用いて金属の溶接、溶断又は加熱の作業を行うときは、ゲージ圧力130キロパスカルを超える圧力を有するアセチレンを発生させ、又はこれを使用してはならない。

（発生器室）

第302条　事業者は、アセチレン溶接装置のアセチレン発生器（以下「発生器」という。）については、専用の発生器室（以下「発生器室」という。）内に設けなければならない。

②　事業者は、発生器室については、直上に階を有しない場所で、かつ、火気を使用する設備から相当離れたところに設けなければならない。

③　事業者は、発生器室を屋外に設けるときは、その開口部を他の建築物から1.5メートル以上の距離に保たなければならない。

第303条　事業者は、発生器室については、次に定めるところによらなければならない。

1　壁は、不燃性のものとし、次の構造又はこれと同等以上の強度を有する構造のものとすること。

イ　厚さ4センチメートル以上の鉄筋コンクリートとすること。

ロ　鉄骨若しくは木骨に厚さ3センチメートル以上のメタルラス張モルタル塗りを

し、又は鉄骨に厚さ 1.5 ミリメートル以上の鉄板張りをしたものとすること。

2　屋根及び天井には、薄鉄板又は軽い不燃性の材料を使用すること。

3　床面積の 16 分の 1 以上の断面積をもつ排気筒を屋上に突出させ、かつ、その開口部は窓、出入口その他の孔口から 1.5 メートル以上離すこと。

4　出入口の戸は、厚さ 1.5 ミリメートル以上の鉄板を使用し、又は不燃性の材料を用いてこれと同等以上の強度を有する構造とすること。

5　壁と発生器との間隔は、発生器の調整又はカーバイド送給等の作業を妨げない距離とすること。

（格納室）

第304条　事業者は、移動式のアセチレン溶接装置については、第 302 条第 1 項の規定にかかわらず、これを使用しないときは、専用の格納室に収容しなければならない。ただし、気鐘を分離し、発生器を洗浄した後保管するときは、この限りでない。

②　事業者は、前項の格納室については、木骨鉄板張、木骨スレート張等耐火性の構造としなければならない。

（アセチレン溶接装置の構造規格）

第305条　事業者は、ゲージ圧力（以下この条において「圧力」という。）7 キロパスカル以上のアセチレンを発生し、又は使用するアセチレン溶接装置（発生器及び安全器を除く。）については、次に定めるところに適合するものとしなければならない。

1　ガスだめは、次に定めるところによるものであること。

　イ　主要部分は、次の表の上欄（編注：左欄）に掲げる内径に応じ、それぞれ同表の下欄（編注：右欄）に掲げる厚さ以上の鋼板又は鋼管で造られていること。

内径（単位　センチメートル）	鋼板又は鋼管（単位　ミリメートル）
60 未満	2
60 以上 120 未満	2.5
120 以上 200 未満	3.5
200 以上	5

　ロ　主要部分の鋼板又は鋼管の接合方法は、溶接、びよう接又はボルト締めによるものであること。

　ハ　アセチレンと空気との混合ガスを排出するためのガス逃がし弁又はコツクを備えていること。

2　発生器から送り出された後、圧縮装置により圧縮されたアセチレンのためのガス

だめにあつては、前号に定めるところによるほか、次に定める安全弁及び圧力計を備えていること。

　イ　安全弁

　　(イ)　ガスだめ内の圧力が 140 キロパスカルに達しないうちに作動し、かつ、その圧力が常用圧力から 10 キロパスカル低下するまでの間に閉止するものであること。

　　(ロ)　発生器が最大量のアセチレンを発生する場合において、ガスだめ内の圧力を 150 キロパスカル未満に保持する能力を有するものであること。

　ロ　圧力計

　　(イ)　目もり盤の径は、定置式のガスだめに取り付けるものにあつては 75 ミリメートル以上、移動式のガスだめに取り付けるものにあつては 50 ミリメートル以上であること。

　　(ロ)　目もり盤の最大指度は、常用圧力の 1.5 倍以上、かつ、500 キロパスカル以下の圧力を示すものであること。

　　(ハ)　目もりには、常用圧力を示す位置に見やすい表示がされているものであること。

　3　ガスだめ、清浄器、導管等のアセチレンと接触する部分は、銅又は銅を 70 パーセント以上含有する合金を使用しないものであること。

②　事業者は、前項のアセチレン溶接装置以外のアセチレン溶接装置の清浄器、導管等でアセチレンが接触するおそれのある部分には、銅を使用してはならない。

（安全器の設置）

第 306 条　事業者は、アセチレン溶接装置については、その吹管ごとに安全器を備えなければならない。ただし、主管に安全器を備え、かつ、吹管に最も近接した分岐管ごとに安全器を備えたときは、この限りでない。

②　事業者は、ガスだめが発生器と分離しているアセチレン溶接装置については、発生器とガスだめの間に安全器を設けなければならない。

（カーバイドのかすだめ）

第 307 条　事業者は、カーバイドのかすだめについては、これを安全な場所に設け、その構造は、次に定めるところに適合するものとしなければならない。ただし、出張作業等で、移動式のアセチレン溶接装置を使用するときは、この限りでない。

　1　れんが又はコンクリート等を使用すること。

2　容積は、カーバイドてん充器の3倍以上とすること。

第2款　ガス集合溶接装置

（ガス集合装置の設置）

第308条　事業者は、令第1条第2号のガス集合装置（以下「ガス集合装置」という。）については、火気を使用する設備から5メートル以上離れた場所に設けなければならない。

②　事業者は、ガス集合装置で、移動して使用するもの以外のものについては、専用の室（以下「ガス装置室」という。）に設けなければならない。

③　事業者は、ガス装置室の壁とガス集合装置との間隔については、当該装置の取扱い、ガスの容器の取替え等をするために十分な距離に保たなければならない。

（ガス装置室の構造）

第309条　事業者は、ガス装置室については、次に定めるところに適合するものとしなければならない。

1　ガスが漏えいしたときに、当該ガスが滞留しないこと。

2　屋根及び天井の材料が軽い不燃性の物であること。

3　壁の材料が不燃性の物であること。

（ガス集合溶接装置の配管）

第310条　事業者は、令第1条第2号に掲げるガス集合溶接装置（以下「ガス集合溶接装置」という。）の配管については、次に定めるところによらなければならない。

1　フランジ、バルブ、コック等の接合部には、ガスケットを使用し、接合面を相互に密接させる等の措置を講ずること。

2　主管及び分岐管には、安全器を設けること。この場合において、一の吹管について、安全器が2以上になるようにすること。

（銅の使用制限）

第311条　事業者は、溶解アセチレンのガス集合溶接装置の配管及び附属器具には、銅又は銅を70パーセント以上含有する合金を使用してはならない。

第3款　管理

（アセチレン溶接装置の管理等）

第312条　事業者は、アセチレン溶接装置を用いて金属の溶接、溶断又は加熱の作業を行なうときは、次に定めるところによらなければならない。

1　発生器（移動式のアセチレン溶接装置の発生器を除く。）の種類、型式、製作所

名、毎時平均ガス発生算定量及び1回のカーバイド送給量を発生器室内の見やすい箇所に掲示すること。

2　発生器室には、係員のほかみだりに立ち入ることを禁止し、かつ、その旨を適当に表示すること。

3　発生器から5メートル以内又は発生器室から3メートル以内の場所では、喫煙、火気の使用又は火花を発するおそれのある行為を禁止し、かつ、その旨を適当に表示すること。

4　導管には、酸素用とアセチレン用との混同を防ぐための措置を講ずること。

5　アセチレン溶接装置の設置場所には、適当な消火設備を備えること。

6　移動式のアセチレン溶接装置の発生器は、高温の場所、通風又は換気の不十分な場所、振動の多い場所等にすえつけないこと。

7　当該作業を行なう者に保護眼鏡及び保護手袋を着用させること。

（ガス集合溶接装置の管理等）

第313条　事業者は、ガス集合溶接装置を用いて金属の溶接、溶断又は加熱の作業を行なうときは、次に定めるところによらなければならない。

1　使用するガスの名称及び最大ガス貯蔵量を、ガス装置室の見やすい箇所に掲示すること。

2　ガスの容器を取り替えるときは、ガス溶接作業主任者に立ち合わせること。

3　ガス装置室には、係員のほかみだりに立ち入ることを禁止し、かつ、その旨を見やすい箇所に掲示すること。

4　ガス集合装置から5メートル以内の場所では、喫煙、火気の使用又は火花を発するおそれのある行為を禁止し、かつ、その旨を見やすい箇所に掲示すること。

5　バルブ、コック等の操作要領及び点検要領をガス装置室の見やすい箇所に掲示すること。

6　導管には、酸素用とガス用との混同を防止するための措置を講ずること。

7　ガス集合装置の設置場所に適当な消火設備を設けること。

8　当該作業を行なう者に保護眼鏡及び保護手袋を着用させること。

（ガス溶接作業主任者の選任）

第314条　事業者は、令第6条第2号の作業については、ガス溶接作業主任者免許を有する者のうちから、ガス溶接作業主任者を選任しなければならない。

（ガス溶接作業主任者の職務）

第315条　事業者は、アセチレン溶接装置を用いて金属の溶接、溶断又は加熱の作業を行なうときは、ガス溶接作業主任者に、次の事項を行なわせなければならない。

1　作業の方法を決定し、作業を指揮すること。

2　アセチレン溶接装置の取扱いに従事する労働者に次の事項を行なわせること。

　イ　使用中の発生器に、火花を発するおそれのある工具を使用し、又は衝撃を与えないこと。

　ロ　アセチレン溶接装置のガス漏れを点検するときは、石けん水を使用する等安全な方法によること。

　ハ　発生器の気鐘の上にみだりに物を置かないこと。

　ニ　発生器室の出入口の戸を開放しておかないこと。

　ホ　移動式のアセチレン溶接装置の発生器にカーバイドを詰め替えるときは、屋外の安全な場所で行なうこと。

　ヘ　カーバイド罐を開封するときは、衝撃その他火花を発するおそれのある行為をしないこと。

3　当該作業を開始するときは、アセチレン溶接装置を点検し、かつ、発生器内に空気とアセチレンの混合ガスが存在するときは、これを排除すること。

4　安全器は、作業中、その水位を容易に確かめることができる箇所に置き、かつ、1日1回以上これを点検すること。

5　アセチレン溶接装置内の水の凍結を防ぐために、保温し、又は加温するときは、温水又は蒸気を使用する等安全な方法によること。

6　発生器の使用を休止するときは、その水室の水位を水と残留カーバイドが接触しない状態に保つこと。

7　発生器の修繕、加工、運搬若しくは格納をしようとするとき、又はその使用を継続して休止しようとするときは、アセチレン及びカーバイドを完全に除去すること。

8　カーバイドのかすは、ガスによる危険がなくなるまでかすだめに入れる等安全に処置すること。

9　当該作業に従事する労働者の保護眼鏡及び保護手袋の使用状況を監視すること。

10　ガス溶接作業主任者免許証を携帯すること。

第316条　事業者は、ガス集合溶接装置を用いて金属の溶接、溶断又は加熱の作業を行なうときは、ガス溶接作業主任者に次の事項を行なわせなければならない。

1　作業の方法を決定し、作業を指揮すること。

2　ガス集合装置の取扱いに従事する労働者に次の事項を行なわせること。

　イ　取り付けるガスの容器の口金及び配管の取付け口に付着している油類、じんあい等を除去すること。

　ロ　ガスの容器の取替えを行なつたときは、当該容器の口金及び配管の取付け口の部分のガス漏れを点検し、かつ、配管内の当該ガスと空気との混合ガスを排除すること。

　ハ　ガス漏れを点検するときは、石けん水を使用する等安全な方法によること。

　ニ　バルブ又はコックの開閉を静かに行なうこと。

3　ガスの容器の取替えの作業に立ち合うこと。

4　当該作業を開始するときは、ホース、吹管、ホースバンド等の器具を点検し、損傷、摩耗等によりガス又は酸素が漏えいするおそれがあると認めたときは、補修し、又は取り替えること。

5　安全器は、作業中、その機能を容易に確かめることができる箇所に置き、かつ、1日1回以上これを点検すること。

6　当該作業に従事する労働者の保護眼鏡及び保護手袋の使用状況を監視すること。

7　ガス溶接作業主任者免許証を携帯すること。

（定期自主検査）

第317条　事業者は、アセチレン溶接装置又はガス集合溶接装置（これらの配管のうち、地下に埋設された部分を除く。以下この条において同じ。）については、1年以内ごとに1回、定期に、当該装置の損傷、変形、腐食等の有無及びその機能について自主検査を行なわなければならない。ただし、1年をこえる期間使用しないアセチレン溶接装置又はガス集合溶接装置の当該使用しない期間においては、この限りでない。

②　事業者は、前項ただし書のアセチレン溶接装置又はガス集合溶接装置については、その使用を再び開始する際に、同項に規定する事項について自主検査を行なわなければならない。

③　事業者は、前二項の自主検査の結果、当該アセチレン溶接装置又はガス集合溶接装置に異常を認めたときは、補修その他必要な措置を講じた後でなければ、これらを使用してはならない。

④　事業者は、第1項又は第2項の自主検査を行つたときは、次の事項を記録し、これを3年間保存しなければならない。

1　検査年月日

2　検査方法

3　検査箇所

4　検査の結果

5　検査を実施した者の氏名

6　検査の結果に基づいて補修等の措置を講じたときは、その内容

第8節　雑則

（強烈な光線を発散する場所）

第325条　事業者は、アーク溶接のアークその他強烈な光線を発散して危険のおそれのある場所については、これを区画しなければならない。ただし、作業上やむを得ないときは、この限りでない。

②　事業者は、前項の場所については、適当な保護具を備えなければならない。

第6章　掘削作業等における危険の防止

第2節　ずい道等の建設の作業等

第1款の3　爆発、火災等の防止

（ガス溶接等の作業を行う場合の火災防止措置）

第389条の3　事業者は、ずい道等の建設の作業を行う場合において、当該ずい道等の内部で、可燃性ガス及び酸素を用いて金属の溶接、溶断又は加熱の作業を行うときは、火災を防止するため、次の措置を講じなければならない。

1　付近にあるぼろ、木くず、紙くずその他の可燃性の物を除去し、又は当該可燃性の物に不燃性の物による覆いをし、若しくは当該作業に伴う火花等の飛散を防止するための隔壁を設けること。

2　第257条の指揮者に、同条各号の事項のほか、次の事項を行わせること。

イ　作業に従事する労働者に対し、消火設備の設置場所及びその使用方法を周知させること。

ロ　作業の状況を監視し、異常を認めたときは、直ちに必要な措置をとること。

ハ　作業終了後火花等による火災が生ずるおそれのないことを確認すること。

（消火設備）

第389条の5　事業者は、ずい道等の建設の作業を行うときは、当該ずい道等の内部の火気若しくはアークを使用する場所又は配電盤、変圧器若しくはしや断器を設置する

場所には、適当な箇所に、予想される火災の性状に適応する消火設備を設け、関係労働者に対し、その設置場所及び使用方法を周知させなければならない。

（たて坑の建設の作業）

第389条の6　前三条の規定は、たて坑の建設の作業について準用する。

第1款の4　退避等

（退避）

第389条の8　事業者は、ずい道等の建設の作業を行う場合であつて、当該ずい道等の内部における可燃性ガスの濃度が爆発下限界の値の30パーセント以上であることを認めたときは、直ちに、労働者を安全な場所に退避させ、及び火気その他点火源となるおそれのあるものの使用を停止し、かつ、通風、換気等の措置を講じなければならない。

第3編　衛生基準

第1章　有害な作業環境

（有害原因の除去）

第576条　事業者は、有害物を取り扱い、ガス、蒸気又は粉じんを発散し、有害な光線又は超音波にさらされ、騒音又は振動を発し、病原体によつて汚染される等有害な作業場においては、その原因を除去するため、代替物の使用、作業の方法又は機械等の改善等必要な措置を講じなければならない。

（ガス等の発散の抑制等）

第577条　事業者は、ガス、蒸気又は粉じんを発散する屋内作業場においては、当該屋内作業場における空気中のガス、蒸気又は粉じんの含有濃度が有害な程度にならないようにするため、発散源を密閉する設備、局所排気装置又は全体換気装置を設ける等必要な措置を講じなければならない。

（立入禁止等）

第585条　事業者は、次の場所には、関係者以外の者が立ち入ることを禁止し、かつ、その旨を見やすい箇所に表示しなければならない。

1　多量の高熱物体を取り扱う場所又は著しく暑熱な場所

3　有害な光線又は超音波にさらされる場所

5　ガス、蒸気又は粉じんを発散する有害な場所

6　有害物を取り扱う場所

② 労働者は、前項の規定により立入りを禁止された場所には、みだりに立ち入つては
ならない。

第2章　保護具等

（呼吸用保護具等）

第593条　事業者は、著しく暑熱又は寒冷な場所における業務、多量の高熱物体、低
温物体又は有害物を取り扱う業務、有害な光線にさらされる業務、ガス、蒸気又は粉
じんを発散する有害な場所における業務、病原体による汚染のおそれの著しい業務そ
の他有害な業務においては、当該業務に従事する労働者に使用させるために、保護
衣、保護眼鏡、呼吸用保護具等適切な保護具を備えなければならない。

（騒音障害防止用の保護具）

第595条　事業者は、強烈な騒音を発する場所における業務においては、当該業務に
従事する労働者に使用させるために、耳栓その他の保護具を備えなければならない。

② 事業者は、前項の業務に従事する労働者に耳栓その他の保護具の使用を命じたとき
は、遅滞なく、当該保護具を使用しなければならない旨を、作業中の労働者が容易に
知ることができるよう、見やすい場所に掲示しなければならない。

（保護具の数等）

第596条　事業者は、前三条に規定する保護具については、同時に就業する労働者の
人数と同数以上を備え、常時有効かつ清潔に保持しなければならない。

（労働者の使用義務）

第597条　第593条から第595条までに規定する業務に従事する労働者は、事業者か
ら当該業務に必要な保護具の使用を命じられたときは、当該保護具を使用しなければ
ならない。

（専用の保護具等）

第598条　事業者は、保護具又は器具の使用によつて、労働者に疾病感染のおそれが
あるときは、各人専用のものを備え、又は疾病感染を予防する措置を講じなければな
らない。

第4編　特別規制

第1章　特定元方事業者等に関する特別規制

（アセチレン溶接装置についての措置）

第647条　注文者は、法第31条第1項の場合において、請負人の労働者にアセチレン

溶接装置を使用させるときは、当該アセチレン溶接装置について、次の措置を講じなければならない。

1　第302条第2項及び第3項並びに第303条に規定する発生器室の基準に適合する発生器室内に設けること。

2　ゲージ圧力7キロパスカル以上のアセチレンを発生し、又は使用するアセチレン溶接装置にあつては、第305条第1項に規定する基準に適合するものとすること。

3　前号のアセチレン溶接装置以外のアセチレン溶接装置の清浄器、導管等でアセチレンが接触するおそれのある部分には、銅を使用しないこと。

4　発生器及び安全器は、法第42条の規定に基づき厚生労働大臣が定める規格に適合するものとすること。

5　安全器の設置については、第306条に規定する基準に適合するものとすること。

7.6 粉じん障害防止規則（抄）

昭和54年4月25日労働省令第18号

最終改正 平成29年4月11日厚生労働省令第58号

第1章 総則

（定義等）

第2条 この省令において、次の各号に掲げる用語の意義は、それぞれ当該各号に定めるところによる。

1 粉じん作業 別表第1に掲げる作業のいずれかに該当するものをいう。ただし、当該作業場における粉じんの発散の程度及び作業の工程その他からみて、この省令に規定する措置を講ずる必要がないと当該作業場の属する事業場の所在地を管轄する都道府県労働局長（以下「所轄都道府県労働局長」という。）が認定した作業を除く。

別表第1（第2条、第3条関係、抜粋）

20 屋内、坑内又はタンク、船舶、管、車両等の内部において、金属を溶断し、又はアークを用いてガウジングする作業

第2章 設備等の基準

（換気の実施等）

第5条 事業者は、特定粉じん作業以外の粉じん作業を行う屋内作業場については、当該粉じん作業に係る粉じんを減少させるため、全体換気装置による換気の実施又はこれと同等以上の措置を講じなければならない。

第6条 事業者は、特定粉じん作業以外の粉じん作業を行う坑内作業場（ずい道等（ずい道及びたて坑以外の坑（採石法（昭和25年法律第291号）第2条に規定する岩石の採取のためのものを除く。）をいう。以下同じ。）の内部において、ずい道等の建設の作業を行うものを除く。）については、当該粉じん作業に係る粉じんを減少させるため、換気装置による換気の実施又はこれと同等以上の措置を講じなければならない。

第6条の2 事業者は、粉じん作業を行う坑内作業場（ずい道等の内部において、ずい道等の建設の作業を行うものに限る。次条において同じ。）については、当該粉じん作業に係る粉じんを減少させるため、換気装置による換気の実施又はこれと同等以上

の措置を講じなければならない。

第6条の3　事業者は、粉じん作業を行う坑内作業場について、半月以内ごとに1回、定期に、空気中の粉じんの濃度を測定しなければならない。ただし、ずい道等の長さが短いこと等により、空気中の粉じんの濃度の測定が著しく困難である場合は、この限りでない。

第6条の4　事業者は、前条の規定による空気中の粉じんの濃度の測定の結果に応じて、換気装置の風量の増加その他必要な措置を講じなければならない。

第4章　管理

（休憩設備）

第23条　事業者は、粉じん作業に労働者を従事させるときは、粉じん作業を行う作業場以外の場所に休憩設備を設けなければならない。ただし、坑内等特殊な作業場で、これによることができないやむを得ない事由があるときは、この限りでない。

②　事業者は、前項の休憩設備には、労働者が作業衣等に付着した粉じんを除去することのできる用具を備え付けなければならない。

③　労働者は、粉じん作業に従事したときは、第1項の休憩設備を利用する前に作業衣等に付着した粉じんを除去しなければならない。

（清掃の実施）

第24条　事業者は、粉じん作業を行う屋内の作業場所については、毎日1回以上、清掃を行わなければならない。

②　事業者は、粉じん作業を行う屋内作業場の床、設備等及び前条第1項の休憩設備が設けられている場所の床等（屋内のものに限る。）については、たい積した粉じんを除去するため、1月以内ごとに1回、定期に、真空掃除機を用いて、又は水洗する等粉じんの飛散しない方法によつて清掃を行わなければならない。ただし、粉じんの飛散しない方法により清掃を行うことが困難な場合で当該清掃に従事する労働者に有効な呼吸用保護具を使用させたときは、その他の方法により清掃を行うことができる。

第6章　保護具

（呼吸用保護具の使用）

第27条　事業者は、別表第3に掲げる作業（次項に規定する作業を除く。）に労働者を従事させる場合（第7条第1項各号又は第2項各号に該当する場合を除く。）にあ

つては、当該作業に従事する労働者に有効な呼吸用保護具（別表第3第5号に掲げる作業に労働者を従事させる場合にあつては、送気マスク又は空気呼吸器に限る。）を使用させなければならない。ただし、粉じんの発生源を密閉する設備、局所排気装置又はプッシュプル型換気装置の設置、粉じんの発生源を湿潤な状態に保つための設備の設置等の措置であつて、当該作業に係る粉じんの発散を防止するために有効なものを講じたときは、この限りでない。

③　労働者は、第7条、第8条、第9条第1項、第24条第2項ただし書及び前二項の規定により呼吸用保護具の使用を命じられたときは、当該呼吸用保護具を使用しなければならない。

別表第3（第7条、第27条関係、抜粋）

14　別表第1第19号から第20号の2までに掲げる作業

7.7　じん肺法（抄）

昭和 35 年 3 月 31 日法律第 30 号

最終改正　平成 30 年 7 月 6 日法律第 71 号

第 1 章　総則

（定義）

第 2 条　この法律において、次の各号に掲げる用語の意義は、それぞれ当該各号に定めるところによる。

1　じん肺　粉じんを吸入することによつて肺に生じた線維増殖性変化を主体とする疾病をいう。

3　粉じん作業　当該作業に従事する労働者がじん肺にかかるおそれがあると認められる作業をいう。

4　労働者　労働基準法（昭和 22 年法律第 49 号）第 9 条に規定する労働者（同居の親族のみを使用する事業又は事務所に使用される者及び家事使用人を除く。）をいう。

5　事業者　労働安全衛生法（昭和 47 年法律第 57 号）第 2 条第 3 号に規定する事業者で、粉じん作業を行う事業に係るものをいう。

③　粉じん作業の範囲は、厚生労働省令で定める。

（教育）

第 6 条　事業者は、労働安全衛生法及び鉱山保安法の規定によるほか、常時粉じん作業に従事する労働者に対してじん肺に関する予防及び健康管理のために必要な教育を行わなければならない。

第 2 章　健康管理

第 1 節　じん肺健康診断の実施

（就業時健康診断）

第 7 条　事業者は、新たに常時粉じん作業に従事することとなつた労働者（当該作業に従事することとなつた日前 1 年以内にじん肺健康診断を受けて、じん肺管理区分が管理 2 又は管理 3 イと決定された労働者その他厚生労働省令で定める労働者を除く。）に対して、その就業の際、じん肺健康診断を行わなければならない。この場合において、当該じん肺健康診断は、厚生労働省令で定めるところにより、その一部を省略す

ることができる。

（定期健康診断）

第8条 事業者は、次の各号に掲げる労働者に対して、それぞれ当該各号に掲げる期間以内ごとに1回、定期的に、じん肺健康診断を行わなければならない。

1　常時粉じん作業に従事する労働者（次号に掲げる者を除く。）　3年

2　常時粉じん作業に従事する労働者でじん肺管理区分が管理2又は管理3であるもの　1年

3　常時粉じん作業に従事させたことのある労働者で、現に粉じん作業以外の作業に常時従事しているもののうち、じん肺管理区分が管理2である労働者（厚生労働省令で定める労働者を除く。）　3年

4　常時粉じん作業に従事させたことのある労働者で、現に粉じん作業以外の作業に常時従事しているもののうち、じん肺管理区分が管理3である労働者（厚生労働省令で定める労働者を除く。）　1年

②　前条後段の規定は、前項の規定によるじん肺健康診断を行う場合に準用する。

（定期外健康診断）

第9条 事業者は、次の各号の場合には、当該労働者に対して、遅滞なく、じん肺健康診断を行わなければならない。

1　常時粉じん作業に従事する労働者（じん肺管理区分が管理2、管理3又は管理4と決定された労働者を除く。）が、労働安全衛生法第66条第1項又は第2項の健康診断において、じん肺の所見があり、又はじん肺にかかつている疑いがあると診断されたとき。

2　合併症により1年を超えて療養のため休業した労働者が、医師により療養のため休業を要しなくなつたと診断されたとき。

3　前二号に掲げる場合のほか、厚生労働省令で定めるとき。

②　第7条後段の規定は、前項の規定によるじん肺健康診断を行う場合に準用する。

（離職時健康診断）

第9条の2 事業者は、次の各号に掲げる労働者で、離職の日まで引き続き厚生労働省令で定める期間を超えて使用していたものが、当該離職の際にじん肺健康診断を行うように求めたときは、当該労働者に対して、じん肺健康診断を行わなければならない。ただし、当該労働者が直前にじん肺健康診断を受けた日から当該離職の日までの期間が、次の各号に掲げる労働者ごとに、それぞれ当該各号に掲げる期間に満たない

ときは、この限りでない。

1 常時粉じん作業に従事する労働者（次号に掲げる者を除く。） 1年6月

2 常時粉じん作業に従事する労働者でじん肺管理区分が管理2又は管理3であるもの 6月

3 常時粉じん作業に従事させたことのある労働者で、現に粉じん作業以外の作業に常時従事しているもののうち、じん肺管理区分が管理2又は管理3である労働者（厚生労働省令で定める労働者を除く。） 6月

② 第7条後段の規定は、前項の規定によるじん肺健康診断を行う場合に準用する。

7.8　じん肺法施行規則（抄）

昭和 35 年 3 月 31 日労働省令第 6 号

最終改正　令和元年 12 月 13 日厚生労働省令第 80 号

第 1 章　総則
（粉じん作業）

第 2 条　法第 2 条第 1 項第 3 号の粉じん作業は、別表に掲げる作業のいずれかに該当するものとする。ただし、粉じん障害防止規則（昭和 54 年労働省令第 18 号）第 2 条第 1 項第 1 号ただし書の認定を受けた作業を除く。

別表　（第 2 条関係、抜粋）

20　屋内、坑内又はタンク、船舶、管、車両等の内部において、金属を溶断し、又はアークを用いてガウジングする作業

第 2 章　健康管理
（就業時健康診断の免除）

第 9 条　法第 7 条の厚生労働省令で定める労働者は、次に掲げる労働者とする。

1　新たに常時粉じん作業に従事することとなつた日前に常時粉じん作業に従事すべき職業に従事したことがない労働者

2　新たに常時粉じん作業に従事することとなつた日前 1 年以内にじん肺健康診断を受けて、じん肺の所見がないと診断され、又はじん肺管理区分が管理 1 と決定された労働者

3　新たに常時粉じん作業に従事することとなつた日前 6 月以内にじん肺健康診断を受けて、じん肺管理区分が管理 3 ロと決定された労働者

（離職時健康診断の対象となる労働者の雇用期間）

第 12 条　法第 9 条の 2 第 1 項の厚生労働省令で定める期間は、1 年とする。

7.9　ガス溶接作業主任者免許規程

昭和 47 年 9 月 30 日労働省告示第 95 号

最終改正　平成 25 年 1 月 9 日厚生労働省告示第 1 号

　労働安全衛生規則（昭和 47 年労働省令第 32 号）第 72 条及び別表第 4 ガス溶接作業主任者免許の項第 3 号の規定に基づき、ガス溶接作業主任者免許規程を次のように定め、昭和 47 年 10 月 1 日から適用する。

　アセチレン溶接主任者規程（昭和 46 年労働省告示第 20 号）は、昭和 47 年 9 月 30 日限り廃止する。

（免許を受けることができる者）

第 1 条　労働安全衛生規則別表第 4 のガス溶接作業主任者免許の項第 1 号チの厚生労働大臣が定める者は、次の各号に掲げる者とする。

1　平成 4 年改正前の能開法（職業能力開発促進法の一部を改正する法律（平成 4 年法律第 67 号）による改正前の職業能力開発促進法（昭和 44 年法律第 64 号）をいう。以下同じ。）第 27 条第 1 項の準則訓練である養成訓練のうち平成 5 年改正前の能開法規則（平成 5 年改正省令（職業能力開発促進法施行規則等の一部を改正する省令（平成 5 年労働省令第 1 号）をいう。以下同じ。）による改正前の職業能力開発促進法施行規則（昭和 44 年労働省令第 24 号）をいう。以下同じ。）別表第 3 の 2 の訓練科の欄に掲げる金属成形科の訓練（60 年改正前の職業訓練法（職業訓練法の一部を改正する法律（昭和 60 年法律第 56 号）による改正前の職業訓練法をいう。以下同じ。）第 10 条の準則訓練である養成訓練として行われたもの及び 53 年改正前の職業訓練法（職業訓練法の一部を改正する法律（昭和 53 年法律第 40 号）による改正前の職業訓練法をいう。以下同じ。）第 8 条第 1 項の養成訓練として行われたものを含む。）を修了した者

2　平成 4 年改正前の能開法第 27 条第 1 項の準則訓練である養成訓練のうち平成 5 年改正前の能開法規則別表第 3 の訓練科の欄に掲げる溶接科の訓練（60 年改正前の職業訓練法第 10 条の準則訓練である養成訓練として行われたもの及び 53 年改正前の職業訓練法第 8 条第 1 項の養成訓練として行われたものを含む。）を修了した者で、その後 2 年以上ガス溶接等の業務に従事した経験を有するもの

3　昭和53年改正職業訓練法施行規則（職業訓練法施行規則の一部を改正する省令（昭和53年労働省令第37号）をいう。以下同じ。）附則第2条第1項に規定する専修訓練課程の普通職業訓練（平成5年改正省令による改正前の同項に規定する専修訓練課程の養成訓練を含む。）のうち53年改正前の職業訓練法施行規則（昭和53年改正職業訓練法施行規則による改正前の職業訓練法施行規則をいう。以下同じ。）別表第2の訓練科の欄に掲げる溶接科の訓練の例により行われる訓練を修了した者又は53年改正前の職業訓練法第8条第1項の養成訓練のうち53年改正前の職業訓練法施行規則別表第2の訓練科の欄に掲げる溶接科の訓練を修了した者で、その後3年以上ガス溶接等の業務に従事した経験を有するもの

4　前各号に掲げる者と同等以上の能力を有すると認められる者

第2条　労働安全衛生規則別表第4のガス溶接作業主任者免許の項第3号の厚生労働大臣が定める者は、次の各号に掲げる者とする。

1　旧職業訓練法（職業能力開発促進法附則第2条の規定により廃止された廃止前の職業訓練法（昭和33年法律第133号）をいう。以下同じ。）による中央職業訓練所が行つた旧職業訓練法第1条第5項第2号に規定する職業訓練指導員の訓練のうち旧職業訓練法施行規則（職業能力開発促進法施行規則附則第2条第1号の規定により廃止された廃止前の職業訓練法施行規則（昭和33年労働省令第16号）をいう。以下同じ。）別表第2の2の訓練科目の欄に掲げる板金溶接科又は別表第2の3の訓練科目の欄に掲げる板金科若しくは溶接科の訓練を修了した者

2　職業訓練法施行規則の一部を改正する省令（昭和49年労働省令第14号）による改正前の職業訓練法施行規則別表第8の訓練科の欄に掲げる板金科の訓練を修了した者

3　平成4年改正前の能開法による職業訓練大学校が行つた53年改正前の職業訓練法第8条第1項の指導員訓練のうち、53年改正前の職業訓練法施行規則別表第8の訓練科の欄に掲げる塑性加工科若しくは溶接科又は53年改正前の職業訓練法施行規則別表第9の訓練科の欄に掲げる板金科若しくは溶接科の訓練を修了した者（塑性加工科の訓練を修了した者にあつては、当該訓練において溶接に関する科目を修めた者に限る。）

4　平成4年改正前の能開法による職業訓練大学校が行つた平成4年改正前の能開法第27条第1項の指導員訓練のうち、職業能力開発促進法施行規則の一部を改正する省令（昭和63年労働省令第13号）による改正前の職業能力開発促進法施行規則

別表第8の訓練科の欄に掲げる塑性加工科又は溶接科の訓練を修了した者（塑性加工科の訓練を修了した者にあつては、当該訓練において溶接に関する科目を修めたものに限る。）

5　平成4年改正前の能開法による職業訓練大学校が行つた平成4年改正前の能開法第27条第1項の指導員訓練のうち平成5年改正前の能開法規則別表第9の訓練科の欄に掲げる板金科又は溶接科の訓練を修了した者

6　職業能力開発促進法第27条第1項の指導員訓練のうち職業能力開発促進法施行規則の一部を改正する省令（平成16年厚生労働省令第45号）による改正前の職業能力開発促進法施行規則別表第8の訓練科の欄に掲げる産業機械工学科又は生産機械工学科の訓練を修了した者

7　職業能力開発促進法第30条第1項に規定する職業訓練指導員試験において、職業能力開発促進法施行規則別表第11の免許職種の欄に掲げる塑性加工科又は溶接科の試験に合格した者（旧職業訓練法第24条第1項に規定する職業訓練指導員試験において、旧職業訓練法施行規則別表第4の免許職種の欄に掲げる板金工又は溶接工の試験に合格した者を含む。）

8　職業能力開発促進法第28条第1項に規定する職業能力開発促進法施行規則別表第11の免許職種の欄に掲げる塑性加工科又は溶接科の職種に係る職業訓練指導員免許を受けた者

9　前各号に掲げる者と同等以上の能力を有すると認められる者

（免許試験）

第3条　ガス溶接作業主任者免許試験（以下「免許試験」という。）は、次の表の上欄（編注：左欄）に掲げる試験科目に応じ、それぞれ同表の下欄（編注：右欄）に掲げる範囲について行う。

試験科目	範囲
アセチレン溶接装置及びガス集合溶接装置に関する知識	発生器の種類、構造及び機能　安全器の構造及び機能　清浄器の構造及び機能　発生器室、格納室及びカーバイドのかすだめの構造　ガス集合装置の種類及び構造　ガス装置室の構造　圧力調整器の構造及び機能　導管及び吹管の構造及び機能

アセチレンその他の可燃性ガス、カーバイド及び酸素に関する知識	アセチレンの発生、性状及び危険性　アセチレンの清浄　溶解アセチレン　ガス溶接等の業務に使用するアセチレン以外の可燃性ガスの性状及び危険性　カーバイドの性状、貯蔵及び取扱い　圧縮酸素の危険性　溶解アセチレン、可燃性ガス及び酸素の容器の構造及び取扱い
ガス溶接等の業務に関する知識	発生器の設置及び取扱い　清浄器の取扱い　発生器室、格納室及びカーバイドのかすだめの取扱い　ガス集合装置の設置及び取扱い　ガス装置室の取扱い　圧力調整器の取付け及び調整　安全器の設置及び取扱い　導管及び吹管の取扱い　ガス溶接等の業務に従事する作業者に対する作業管理　作業標準　ガス溶接等の業務に使用する設備の点検整備及び異常時における応急の処置　可燃性ガス等の検知
関係法令	労働安全衛生法（昭和47年法律第57号）、労働安全衛生法施行令（昭和47年政令第318号）及び労働安全衛生規則中の関係条項

（実施方法）

第4条　免許試験は、筆記試験によつて行う。

②　免許試験の試験時間は、全科目を通じて3時間とする。

（細目）

第5条　前二条に定めるもののほか、免許試験の実施について必要な事項は、厚生労働省労働基準局長の定めるところによる。

附則（抄）（平成25年1月9日　厚生労働省告示第1号）

（適用期日）

第1条　この告示は、平成25年4月1日から適用する。

7.10　労働安全衛生規則別表第 3 下欄の規定に基づき厚生労働大臣が定める者を定める告示（ガス溶接等の業務に就くことができる者に関する告示）（抄）

昭和 47 年 9 月 30 日労働省告示第 113 号

最終改正　平成 28 年 3 月 4 日厚生労働省告示第 49 号

1　労働安全衛生規則（以下「安衛則」という。）別表第 3 令第 20 条第 10 号の業務の項第 3 号の厚生労働大臣が定める者は、次に掲げる者とする。

イ　職業能力開発促進法（昭和 44 年法律第 64 号。以下「能開法」という。）第 28 条第 1 項の規定により職業能力開発促進法施行規則（昭和 44 年労働省令第 24 号。以下「能開法規則」という。）別表第 11 の免許職種の欄に掲げる塑性加工科、構造物鉄工科又は配管科の職種に係る職業訓練指導員免許を受けた者

ロ　鉱山保安法施行規則（平成 16 年経済産業省令第 96 号）附則第 2 条の規定による廃止前の保安技術職員国家試験規則（昭和 25 年通商産業省令第 72 号）第 5 条の溶接係員試験に合格した者

ハ　歯科医師法（昭和 23 年法律第 202 号）第 2 条の規定により歯科医師の免許を受けた者

ニ　歯科技工士法（昭和 30 年法律第 168 号）第 3 条の規定により歯科技工士の免許を与えられた者

7.11 アセチレン溶接装置の安全器及びガス集合溶接装置の安全器の規格（抄）

平成9年9月30日労働省告示第116号

最終改正 平成11年9月30日労働省告示第126号

（定義）

第1条 この告示において、次の各号に掲げる用語の意義は、それぞれ当該各号に定めるところによる。

1 水封式安全器 ガスが逆火爆発したときに、水により火炎の逸走を阻止する構造の安全器をいう。

2 乾式安全器 ガスが逆火爆発したときに、水によることなく火炎の逸走を阻止する構造の安全器をいう。

3 ハウジング 乾式安全器の外殻を構成する容器をいう。

（中圧アセチレン溶接装置の安全器）

第3条 中圧アセチレン溶接装置の安全器は、次に定めるところによらなければならない。

1 水封式安全器にあっては、次に掲げる要件を満たすものであること。

イ 主要部分（緩衝部分を除く。以下この号において同じ。）は、次の表の上欄（編注：左欄）に掲げる安全器の内径に応じて、それぞれ同表の下欄（編注：右欄）に掲げる厚さ以上の鋼板又は鋼管を使用すること。

安全器の内径（単位 センチメートル）	鋼板又は鋼管の厚さ（単位 ミリメートル）
10 未満	2
10 以上 15 未満	3
15 以上 20 未満	4
20 以上 30 未満	6
30 以上 50 未満	10
50 以上	16

ロ 主要部分の鋼板又は鋼管の接合方法は、溶接、びょう接、鍛接、ボルト締め又はねじ込みによるものであること。

ハ　次に定める水封排気管又は破裂板、爆発戸若しくはばね式抑圧板その他これら
　　に類するものを備えていること。
　　㈠　水封排気管は、安全器内の圧力が150キロパスカルに達しないうちに排気す
　　　ることができるものであること。
　　㈡　破裂板は、安全器内の圧力が500キロパスカルに達しないうちに破裂するも
　　　のであること。ただし、安全器内の圧力が300キロパスカルを超えないうちに
　　　作動する自動排気弁（リリーフバルブ）を併せ備えている構造であるものに
　　　あっては、破裂板が破裂する圧力は、1,000キロパスカル以下とすることがで
　　　きる。
　　㈢　爆発戸、ばね式抑圧板その他これに類するものは、安全器内の圧力が300キ
　　　ロパスカルに達しないうちに作動するものであること。
ニ　導入管にバルブ又はコックを備えていること。
ホ　水封排気管を備えたものを除き、導入管に逆止め弁を備えていること。
ヘ　導入部は水封式とし、有効水柱は50ミリメートル以上とすること。
ト　水位を容易に点検することができ、かつ、少なくとも550キロパスカル毎平方
　　センチメートルの圧力に耐える強度を有する水面計、のぞき窓又はためしコック
　　を備えていること。
チ　水の補給及び取替えが容易な構造とすること。
リ　アセチレンと接触するおそれのある部分（主要部分を除く。）は、銅又は銅を
　　70パーセント以上含有する合金を使用しないこと。
2　乾式安全器にあっては、前条第2号に規定する要件を満たすものであること。
（ガス集合溶接装置の安全器）
第4条　アセチレンを使用するガス集合溶接装置の安全器は、次に定めるところによ
らなければならない。
1　水封式安全器にあっては、前条第1号に規定する要件を満たすものであること。
2　乾式安全器にあっては、第2条第2号に規定する要件を満たすものであること。
第5条　水素を使用するガス集合溶接装置の安全器は、次に定めるところによらなけ
ればならない。
1　水封式安全器にあっては、第3条第1号イからチまでに規定する要件を満たすも
　　のであること。
2　乾式安全器にあっては、次に掲げる要件を満たすものであること。

イ　次の表の上欄（編注：左欄）に掲げる試験の種類に応じて、同表の中欄に掲げ
る試験方法による試験を行った場合に、それぞれ同表の下欄（編注：右欄）に掲
げる条件に適合するものであること。

試験の種類	試験方法	条件
逆火試験	入口と混合ガス（水素及び酸素の混合ガスであって、当該混合ガスが完全燃焼する構成比のものをいう。以下この表において同じ。）の供給装置とを導管により連結し、出口と鋼管とを接続し、鋼管内で出口から5メートル以上離れた位置に点火器を設置し、次の第1号及び第2号又は第1号及び第3号に定めるところにより試験を行う。 1　混合ガスを入口から送気し、出口から流出させ、出口の圧力を0.1キロパスカル以上10キロパスカル以下とした状態で点火器により点火し、入口の外側への火炎の逸走の有無及びハウジングのき裂又は変形の有無を調べる。 2　混合ガスを入口から送気し、出口から流出させ、出口の圧力を最高使用圧力に等しい圧力（最高使用圧力が150キロパスカル未満の乾式安全器にあっては、150キロパスカル）とした状態で点火器により点火し、入口の外側への火炎の逸走の有無及びハウジングのき裂又は変形の有無を調べる。 3　鋼管内で点火器の外側に開閉弁を設置し、混合ガスを入口から送気し、開閉弁を閉止し、安全器及び鋼管の内部に混合ガスを充満させ、入口及び出口の圧力を最高使用圧力に等しい圧力（最高使用圧力が150キロパスカル未満の乾式安全器にあっては、150キロパスカル）とした状態で点火器により点火し、入口の外側への火炎の逸走の有無	入口の外側に火炎が逸走せず、かつ、ハウジングにき裂又は変形が生じないこと。

遮断試験	及びハウジングのき裂又は変形の有無を調べる。逆火試験を終えたままの乾式安全器を用い、入口と乾燥空気等の供給装置とを導管により連結し、乾燥空気等を入口から送気し、入口の圧力を最高使用圧力の2.5倍の圧力（最高使用圧力が100キロパスカル未満の乾式安全器にあっては、250キロパスカル）まで上昇させ、当該圧力を保持した状態を30秒間以上継続し、出口からの乾燥空気等の漏えい量を測定する。	1分間当たりの乾燥空気等の漏えい量が、次の式により計算して得た値（その値が330ミリリットルを超えるときは、330ミリリットル）を超えないこと。 　L＝2D この式において、L及びDは、それぞれ次の値を表すものとする。 L　1分間当たりの漏えい量（単位ミリリットル） D　乾式安全器の入口の口径（単位ミリメートル）
逆流試験	出口と乾燥空気等の供給装置とを導管により連結し、乾燥空気等を出口から送気することにより、次に定めるところにより、圧力を上昇させ、入口からの乾燥空気等の漏えい量を測定する。 1　出口の圧力を1分間に0キロパスカルから6キロパスカルまで上昇させ、6キロパスカルを保持した状態を1分間以上継続し、乾燥空気等の漏えい量を測定する。 2　出口の圧力を1秒以内に0キロパスカルから100キロパスカルまで上昇させ、100キロパスカルを保持した状態を1分間以上継続し、乾燥空気等の漏えい量を測定する。	1時間当たりの乾燥空気等の漏えい量が、次の式により計算して得た値（出口の口径が11ミリメートル未満の場合は、50ミリリットル）を超えないこと。 　L＝0.41D^2

	3　出口の圧力を1秒以内に0キロパスカルから600キロパスカルまで上昇させ、600キロパスカルを保持した状態を1分間以上継続し、乾燥空気等の漏えい量を測定する。	この式において、L及びDは、それぞれ次の値を表すものとする。L　1時間当たりの漏えい量（単位ミリリットル）D　乾式安全器の出口の口径（単位ミリメートル）
気密試験	入口と乾燥空気等の供給装置とを導管により連結し、出口を閉止用の栓で閉じ、乾式安全器全体を水中に沈め、入口から乾燥空気等を送気し、入口の圧力を最高使用圧力に等しい圧力まで上昇させ、当該圧力を30秒間以上保持し、乾燥空気等の漏えい量を測定する。	1時間当たりの乾燥空気等の漏えい量が8ミリリットルを超えないこと。
耐圧強度試験	入口と水圧ポンプとを導管により連結し、出口を閉止用の栓で閉じ、入口から水を注入し、入口の圧力を最高使用圧力の5倍の圧力（最高使用圧力が1.2メガパスカル未満の乾式安全器にあっては、6.0メガパスカルの圧力）まで上昇させ、当該圧力を5分間以上保持し、ハウジングのき裂又は変形の有無を調べる。	ハウジングにき裂又は変形を生じないこと。

　ロ　第2条第2号ハに規定する要件を満たすものであること。

第6条　アセチレン及び水素以外の可燃性ガス（以下「一般可燃性ガス」という。）を使用するガス集合溶接装置の安全器は、次に定めるところによらなければならない。

1　水封式安全器にあっては、第3条第1号イからチまでに規定する要件を満たすものであること。

2　乾式安全器にあっては、次に掲げる要件を満たすものであること。

　イ　次の表の上欄（編注：左欄）に掲げる試験の種類に応じて、同表の中欄に掲げる試験方法による試験を行った場合に、それぞれ同表の下欄（編注：右欄）に掲げる条件に適合するものであること。

試験の種類	試験方法	条件
逆火試験	入口と混合ガス（アセチレン及び酸素の混合ガス、当該ガス集合溶接装置において使用される一般可燃性ガス及び酸素の混合ガス、又はアセチレン、当該ガス集合溶接装置において使用される一般可燃性ガス及び酸素の混合ガスであって、当該混合ガスが完全燃焼する構成比のものをいう。以下この表において同じ。）の供給装置とを導管により連結し、出口と鋼管とを接続し、鋼管内で出口から 5 メートル以上離れた位置に点火器を設置し、次の第 1 号及び第 2 号又は第 1 号及び第 3 号に定めるところにより試験を行う。 1　混合ガスを入口から送気し、出口から流出させ、出口の圧力を 0.1 キロパスカル以上 10 キロパスカル以下とした状態で点火器により点火し、入口の外側への火炎の逸走の有無及びハウジングのき裂又は変形の有無を調べる。 2　混合ガスを入口から送気し、出口から流出させ、出口の圧力を最高使用圧力に等しい圧力（最高使用圧力が 150 キロパスカル未満の乾式安全器にあっては、150 キロパスカル）とした状態で点火器により点火し、入口の外側への火炎の逸走の有無及びハウジングのき裂又は変形の有無を調べる。 3　鋼管内で点火器の外側に開閉弁を設置し、混合ガスを入口から送気し、開閉弁を閉止し、安全器及び鋼管の内部に混合ガスを充満させ、入口及び出口の圧力を最高使用圧力に等しい圧力（最高使用圧力が 150 キロパスカル未満の乾式安全器にあって	入口の外側に火炎が逸走せず、かつ、ハウジングにき裂又は変形が生じないこと。

	は、150 キロパスカル）とした状態で点火器により点火し、入口の外側への火炎の逸走の有無及びハウジングのき裂又は変形の有無を調べる。	
遮断試験	逆火試験を終えたままの乾式安全器を用い、入口と乾燥空気等の供給装置とを導管により連結し、乾燥空気等を入口から送気し、入口の圧力を最高使用圧力の 2.5 倍の圧力（最高使用圧力が 100 キロパスカル未満の乾式安全器にあっては、250 キロパスカル）まで上昇させ、当該圧力を保持した状態を 30 秒間以上継続し、出口からの乾燥空気等の漏えい量を測定する。	1 分間当たりの乾燥空気等の漏えい量が、次の式により計算して得た値（その値が 330 ミリリットルを超えるときは、330 ミリリットル）を超えないこと。 $$L = 2D$$ この式において、L 及び D は、それぞれ次の値を表すものとする。 L　1 分間当たりの漏えい量（単位ミリリットル） D　乾式安全器の入口の口径(単位ミリメートル)
逆流試験	出口と乾燥空気等の供給装置とを導管により連結し、乾燥空気等を出口から送気することにより、次に定めるところにより、圧力を上昇させ、入口からの乾燥空気等の漏えい量を測定する。 1　出口の圧力を 1 分間に 0 キロパスカルから 6 キロパスカルまで上昇させ、6 キロパスカルを保持した状態を 1 分間以上継続し、乾燥空気等の漏えい量を測定する。	1 時間当たりの乾燥空気等の漏えい量が、次の式により計算して得た値（出口の口径が 11 ミリメートル未満の場合は、50 ミリリットル）を超えないこと。 $$L = 0.41D^2$$

	2　出口の圧力を 1 秒以内に 0 キロパスカルから 100 キロパスカルまで上昇させ、100 キロパスカルを保持した状態を 1 分間以上継続し、乾燥空気等の漏えい量を測定する。 3　出口の圧力を 1 秒以内に 0 キロパスカルから 600 キロパスカルまで上昇させ、600 キロパスカルを保持した状態を 1 分間以上継続し、乾燥空気等の漏えい量を測定する。	この式において、L 及び D は、それぞれ次の値を表すものとする。 L　1 時間当たりの漏えい量（単位ミリリットル） D　乾式安全器の出口の口径（単位ミリメートル）
気密試験	入口と乾燥空気等の供給装置とを導管により連結し、出口を閉止用の栓で閉じ、乾式安全器全体を水中に沈め、入口から乾燥空気等を送気し、入口の圧力を最高使用圧力に等しい圧力まで上昇させ、当該圧力を 30 秒間以上保持し、乾燥空気等の漏えい量を測定する。	1 時間当たりの乾燥空気等の漏えい量が 8 ミリリットルを超えないこと。
耐圧強度試験	入口と水圧ポンプとを導管により連結し、出口を閉止用の栓で閉じ、入口から水を注入し、入口の圧力を最高使用圧力の 5 倍の圧力（最高使用圧力が 1.2 メガパスカル未満の乾式安全器にあっては、6.0 メガパスカルの圧力）まで上昇させ、当該圧力を 5 分間以上保持し、ハウジングのき裂又は変形の有無を調べる。	ハウジングにき裂又は変形を生じないこと。

ロ　第 2 条第 2 号ハに規定する要件を満たすものであること。

7.12　高圧ガス保安法（抄）

昭和 26 年 6 月 7 日法律第 204 号

最終改正　令和元年 6 月 14 日法律第 37 号

第2章　事業

（周知させる義務等）

第20条の5　販売業者又は第 20 条の 4 第 1 号の規定により販売する者（以下「販売業者等」という。）は、経済産業省令で定めるところにより、その販売する高圧ガスであつて経済産業省令で定めるものを購入する者に対し、当該高圧ガスによる災害の発生の防止に関し必要な事項であつて経済産業省令で定めるものを周知させなければならない。ただし、当該高圧ガスを購入する者が第一種製造者、販売業者、第 24 条の 2 第 2 項の特定高圧ガス消費者その他経済産業省令で定める者であるときは、この限りでない。

②　都道府県知事は、販売業者等が前項の規定により周知させることを怠り、又はその周知の方法が適当でないときは、当該販売業者等に対し、同項の規定により周知させ、又はその周知の方法を改善すべきことを勧告することができる。

③　都道府県知事は、前項の規定による勧告をした場合において、販売業者等がその勧告に従わなかつたときは、その旨を公表することができる。

（移動）

第23条　高圧ガスを移動するには、その容器について、経済産業省令で定める保安上必要な措置を講じなければならない。

②　車両（道路運送車両法（昭和 26 年法律第 185 号）第 2 条第 1 項に規定する道路運送車両をいう。）により高圧ガスを移動するには、その積載方法及び移動方法について経済産業省令で定める技術上の基準に従つてしなければならない。

③　導管により高圧ガスを輸送するには、経済産業省令で定める技術上の基準に従つてその導管を設置し、及び維持しなければならない。ただし、第一種製造者が第 5 条第 1 項の許可を受けたところに従つて導管により高圧ガスを輸送するときは、この限りでない。

（消費）

第24条の5　前三条に定めるものの外、経済産業省令で定める高圧ガスの消費は、消費の場所、数量その他消費の方法について経済産業省令で定める技術上の基準に従つてしなければならない。

7.13　一般高圧ガス保安規則（抄）

昭和41年5月25日通商産業省令第53号

最終改正　令和2年2月28日経済産業省令第12号

第2章　高圧ガスの製造又は貯蔵に係る許可等

第1節　高圧ガスの製造に係る許可等

（定置式製造設備に係る技術上の基準）

第6条　製造設備が定置式製造設備（コールド・エバポレータ、圧縮天然ガススタンド、液化天然ガススタンド及び圧縮水素スタンドを除く。）である製造施設における法第8条第1号の経済産業省令で定める技術上の基準は、次の各号に掲げるものとする。ただし、経済産業大臣がこれと同等の安全性を有するものと認めた措置を講じている場合は、この限りでなく、また、製造設備の冷却の用に供する冷凍設備にあつては、冷凍保安規則に規定する技術上の基準によることができる。

14　ガス設備（可燃性ガス、毒性ガス及び酸素以外のガスにあつては高圧ガス設備に限る。）に使用する材料は、ガスの種類、性状、温度、圧力等に応じ、当該設備の材料に及ぼす化学的影響及び物理的影響に対し、安全な化学的成分及び機械的性質を有するものであること。

第3章　高圧ガスの販売事業に係る届出等

（周知の義務）

第38条　法第20条の5第1項の規定により、販売業者等は、販売契約を締結したとき及び本条による周知をしてから1年以上経過して高圧ガスを引き渡したときごとに、次条第2項に規定する事項を記載した書面をその販売する高圧ガスを購入して消費する者に配布し、同項に規定する事項を周知させなければならない。

（周知させるべき高圧ガスの指定等）

第39条　法第20条の5第1項の高圧ガスであつて経済産業省令で定めるものは、次の各号に掲げるものとする。

1　溶接又は熱切断用のアセチレン、天然ガス又は酸素

2　在宅酸素療法用の液化酸素

3　スクーバダイビング等呼吸用の空気

4　スクーバダイビング呼吸用のガスであつて、当該ガス中の酸素及び窒素の容量の合計が全容量の98パーセント以上で、かつ、酸素の容量が全容量の21パーセント以上のもの（前号に掲げるものを除く。）

② 法第20条の5第1項の高圧ガスによる災害の発生の防止に関し必要な事項であつて経済産業省令で定めるものは、次の各号に掲げるものとする。

1　使用する消費設備のその販売する高圧ガス（以下この項において単に「高圧ガス」という。）に対する適応性に関する基本的な事項

2　消費設備の操作、管理及び点検に関し注意すべき基本的な事項

3　消費設備を使用する場所の環境に関する基本的な事項

4　消費設備の変更に関し注意すべき基本的な事項

5　ガス漏れを感知した場合その他高圧ガスによる災害が発生し、又は発生するおそれがある場合に消費者がとるべき緊急の措置及び販売業者等に対する連絡に関する基本的な事項

6　前各号に掲げるもののほか、高圧ガスによる災害の発生の防止に関し必要な事項

第6章　高圧ガスの移動に係る保安上の措置等

（その他の場合における移動に係る技術上の基準等）

第50条　前条に規定する場合以外の場合における法第23条第1項の経済産業省令で定める保安上必要な措置及び同条第2項の経済産業省令で定める技術上の基準は、次に掲げるものとする。

2　充塡容器等は、その温度（ガスの温度を計測できる充塡容器等にあつては、ガスの温度）を常に40度以下に保つこと。

5　充塡容器等（内容積が5リットル以下のものを除く。）には、転落、転倒等による衝撃及びバルブの損傷を防止する措置を講じ、かつ、粗暴な取扱いをしないこと。

7　可燃性ガスの充塡容器等と酸素の充塡容器等とを同一の車両に積載して移動するときは、これらの充塡容器等のバルブが相互に向き合わないようにすること。

9　可燃性ガス、特定不活性ガス、酸素又は三フッ化窒素の充塡容器等を車両に積載して移動するときは、消火設備並びに災害発生防止のための応急措置に必要な資材及び工具等を携行すること。ただし、容器の内容積が25リットル以下である充塡容器等のみを積載した車両であつて、当該積載容器の内容積の合計が50リットル

以下である場合にあつては、この限りでない。

第8章　高圧ガスの消費に係る届出等

（その他消費に係る技術上の基準）

第60条　法第24条の5の経済産業省令で定める技術上の基準は、次の各号及び次項各号に掲げるものとする。

1　充塡容器等のバルブは、静かに開閉すること。

2　充塡容器等は、転落、転倒等による衝撃又はバルブの損傷を受けないよう粗暴な取扱いをしないこと。

3　充塡容器等、バルブ又は配管を加熱するときは、次に掲げるいずれかの方法により行うこと。ただし、安全弁及び圧力又は温度を調節する自動制御装置を設けた加熱器内の配管については、この限りでない。

　イ　熱湿布を使用すること。

　ロ　温度40度以下の温湯その他の液体（可燃性のもの及び充塡容器等、バルブ又は充塡用枝管に有害な影響を及ぼすおそれのあるものを除く。）を使用すること。

　ハ　空気調和設備（空気の温度を40度以下に調節する自動制御装置を設けたものであつて、火気で直接空気を加熱する構造のもの及び可燃性ガスを冷媒とするもの以外のものに限る。）を使用すること。

4　充塡容器等には、湿気、水滴等による腐食を防止する措置を講ずること。

5　消費設備に設けたバルブ又はコックには、作業員が当該バルブ又はコックを適切に操作することができるような措置を講ずること。

6　消費設備に設けたバルブを操作する場合にバルブの材質、構造及び状態を勘案して過大な力を加えないよう必要な措置を講ずること。

7　可燃性ガス又は毒性ガスの消費は、通風の良い場所でし、かつ、その容器を温度40度以下に保つこと。

9　酸化エチレンを消費するときは、あらかじめ、消費に使用する設備の内部のガスを窒素ガス又は炭酸ガスで置換し、かつ、酸化エチレンの容器と消費に使用する設備との間の配管には、逆流防止装置を設けること。

10　可燃性ガス、酸素又は三フッ化窒素の消費に使用する設備（家庭用設備を除く。）から5メートル以内においては、喫煙及び火気（当該設備内のものを除く。）の使用を禁じ、かつ、引火性又は発火性の物を置かないこと。ただし、火気等を使用す

　る場所との間に当該設備から漏えいしたガスに係る流動防止措置又は可燃性ガス、酸素若しくは三フッ化窒素が漏えいしたときに連動装置により直ちに使用中の火気を消すための措置を講じた場合は、この限りでない。

11　可燃性ガスの貯槽には、当該貯槽に生ずる静電気を除去する措置を講ずること。

12　可燃性ガス、酸素及び三フッ化窒素の消費施設（在宅酸素療法用のもの及び家庭用設備に係るものを除く。）には、その規模に応じて、適切な消火設備を適切な箇所に設けること。

13　溶接又は熱切断用のアセチレンガスの消費は、当該ガスの逆火、漏えい、爆発等による災害を防止するための措置を講じて行うこと。

14　溶接又は熱切断用の天然ガスの消費は、当該ガスの漏えい、爆発等による災害を防止するための措置を講じて行うこと。

15　酸素又は三フッ化窒素の消費は、バルブ及び消費に使用する器具の石油類、油脂類その他可燃性の物を除去した後にすること。

16　消費した後は、バルブを閉じ、容器の転倒及びバルブの損傷を防止する措置を講ずること。

17　消費設備（家庭用設備を除く。以下この号及び次号において同じ。）の修理又は清掃（以下この号において「修理等」という。）及びその後の消費は、次に掲げる基準によることにより保安上支障のない状態で行うこと。

　イ　修理等をするときは、あらかじめ、修理等の作業計画及び当該作業の責任者を定め、修理等は当該作業計画に従い、かつ、当該責任者の監視の下に行うこと又は異常があつたときに直ちにその旨を当該責任者に通報するための措置を講じて行うこと。

　ロ　可燃性ガス、毒性ガス又は酸素の消費設備の修理等をするときは、危険を防止する措置を講ずること。

　ハ　修理等のため作業員が消費設備を開放し、又は消費設備内に入るときは、危険を防止するための措置を講ずること。

　ニ　消費設備を開放して修理等をするときは、当該消費設備のうち開放する部分に他の部分からガスが漏えいすることを防止するための措置を講ずること。

　ホ　修理等が終了したときは、当該消費設備が正常に作動することを確認した後でなければ消費をしないこと。

18　高圧ガスの消費は、消費設備の使用開始時及び使用終了時に消費施設の異常の有

無を点検するほか、1日に1回以上消費設備の作動状況について点検し、異常のあるときは、当該設備の補修その他の危険を防止する措置を講じてすること。

7.14　一般高圧ガス保安規則の機能性基準の運用について（抄）

令和元年 6 月 14 日　20190606 保局第 3 号

一般高圧ガス保安規則の機能性基準の運用について別紙のとおり制定する。

附則

1．この規程は、令和元年 7 月 1 日から施行する。

3．一般高圧ガス保安規則の機能性基準の運用について（20180323 商局第 14 号）は、令和元年 6 月 30 日限り廃止する。

一般高圧ガス保安規則の機能性基準の運用について

1．総則

　一般高圧ガス保安規則（昭和 41 年通商産業省令第 53 号。以下「規則」という。）で定める機能性基準（規則第 6 条、第 6 条の 2、第 7 条、第 7 条の 2、第 7 条の 3、第 8 条、第 8 条の 2、第 10 条、第 11 条、第 12 条、第 12 条の 2、第 12 条の 3、第 13 条、第 18 条、第 22 条、第 23 条、第 26 条、第 40 条、第 49 条、第 50 条、第 51 条、第 52 条、第 55 条、第 60 条、第 62 条及び第 94 条の 3 の技術上の基準をいう。以下同じ。）に適合することについての評価（以下「適合性評価」という。）にあたっては、個々の事例ごとに判断することとなるが、別添の一般高圧ガス保安規則関係例示基準（以下「例示基準」という。）のとおりである場合には、当該機能性基準に適合するものとする。

（以下　略）

別添

一般高圧ガス保安規則関係例示基準

この一般高圧ガス保安規則関係例示基準は、一般高圧ガス保安規則に定める技術的要

件を満たす技術的内容をできる限り具体的に例示したものである。

　なお、一般高圧ガス保安規則に定める技術的要件を満たす技術的内容はこの例示基準に限定されるものではなく、一般高圧ガス保安規則に照らして十分な保安水準の確保ができる技術的根拠があれば、一般高圧ガス保安規則に適合するものと判断するものである。

9.　ガス設備等に使用する材料

規則関係条項	第 6 条第 1 項第 14 号、第 6 条の 2 第 1 項・第 2 項第 1 号、第 7 条第 1 項第 1 号・第 2 項第 1 号、第 7 条の 2 第 1 項第 1 号、第 7 条の 3 第 1 項第 1 号・第 2 項第 1 号、第 8 条の 2 第 1 項第 1 号、第 12 条の 2 第 1 項第 1 号・第 2 項第 1 号、第 12 条の 3 第 1 項第 1 号、第 22 条柱書・第 1 号・第 2 号・第 3 号・第 4 号、第 23 条第 2 項第 1 号・第 2 号、第 55 条第 1 項第 5 号、第 94 条の 3 第 2 号

1.　ガス設備（圧縮水素スタンド及び移動式圧縮水素スタンドの高圧ガス設備であって常用の圧力が 20MPa を超える圧縮水素が通る部分及び常用の圧力が 1MPa 以上の液化水素が通る部分を除く。）又は消費設備（消費設備にあってはガスの通る部分に限るものとする。）にあっては、その種類に応じ、次に定める材料又はその性質がそれらの材料と同等以下（JIS 品と比較して、機械的性質のうち一つでも JIS よりも低位であるものをいう。）である材料以外の材料を使用すること。ただし、圧縮水素スタンド及び移動式圧縮水素スタンドの常用の圧力が 1MPa 未満の液化水素が通る部分については、本項で規定した材料のうち、常用の圧力が 1MPa 未満の液化水素で問題なく使用した十分な実績があるものを使用することができる。（法第 56 条の 3 に規定する特定設備検査に合格した特定設備にあっては、特定則第 11 条に規定する材料又は特定則第 51 条の規定に基づき経済産業大臣の認可を受けた材料を使用すること。）

79.　溶接又は熱切断用のアセチレンガス又は天然ガスの消費

規則関係条項	第 60 条第 1 項第 13 号・14 号

1.　溶接又は熱切断用のアセチレンガスの消費は、次の各号に掲げる基準によるものとする。

1.1　消費設備には逆火防止装置を設けること。

1.2　ホースと減圧設備その他の設備とを接続するときは、その接続部をホースバンドで締め付けること等により確実に行い、漏えいのないことを確認すること。

1.3　点火は、酸素を供給するためのバルブを閉じた状態で行うこと。

1.4　消火するときは、アセチレンガスを供給するためのバルブを閉じる前に酸素を供給するためのバルブを閉じること。

1.5　火花の飛来するおそれのある場所には、充塡容器等を置かないこと。

2.　溶接又は熱切断用の天然ガスの消費は、1.　1.2及び1.5に規定する基準によるものとする。

7.15　JIS 規格

手動ガス溶接器、切断器及び加熱器：　　　　　JIS B 6801

溶断器用圧力調整器及び流量計付き圧力調整器：　JIS B 6803

溶断器用ゴムホース継手：　　　　　　　　　JIS B 6805

溶解アセチレン：　　　　　　　　　　　　　JIS K 1902

液化石油ガス（LP ガス）：　　　　　　　　　JIS K 2240

溶断用ゴムホース：　　　　　　　　　　　　JIS K 6333

アネロイド型圧力計—第 1 部：ブルドン管圧力計：JIS B 7505-1

7.16　リスクアセスメントの実施

7.16.1　リスクアセスメントとは

　リスクアセスメントは、職場の潜在的な危険性又は有害性を見つけ出し、これを除去、低減するため手法である。

　労働安全衛生法第28条の2により事業主の努力義務として規定されているほか、ブタンなど所定の化学物質を取り扱う作業については、実施が義務付けられている。また、その具体的な進め方については、同条第2項に基づき、「危険性又は有害性等の調査等に関する指針」が、同法第57条の3第3項に基づき「化学物質等による危険性又は有害性等の調査等に関する指針」が公表されている。

7.16.2　なぜリスクアセスメントが必要か

　従来の労働災害防止対策は、発生した労働災害の原因を調査し、類似災害の再発防止対策を確立し、各職場に徹底していくという手法が基本であった。

　しかし、労働災害が発生していない職場であっても、潜在的な危険性や有害性が存在していて、これが放置されたままだと、いつかは労働災害が発生する可能性が残ることになる。また技術の進展等により、多種多様な機械設備や化学物質等が生産現場で用いられるようになり、その危険性や有害性が多様化してきている。

　そのため、自主的に職場の潜在的な危険性や有害性を見つけ出し、事前に的確な対策を講ずることがこれからの安全衛生対策では不可欠であり、これに応えたのが職場のリスクアセスメントである。

7.16.3　リスクアセスメントを進めるための基本的な手順

実施時期

　　　・設備、原材料、作業方法などを新規に採用し、又は変更するなどリスクに変化が生じたときに実施
　　　・機械設備等の経年劣化、労働者の入れ替わり等を踏まえ、定期的に実施
　　　・既存の設備、作業については計画的に実施

手順 1　危険性又は有害性の特定

　　　　機械・設備、原材料、作業行動や環境などについて危険性又は有害性を特定する。ここでの「危険性又は有害性」とは、労働者に負傷や疾病をもたらす物、状況のことで、作業者が接近することにより危険な状態が発生することが想定されるものをいう。

　　　　危険性又は有害性は「ハザード」ともいう。

手順 2　危険性又は有害性ごとのリスクの見積り

　　　　特定したすべての危険性又は有害性についてリスクの見積りを行う。

　　　　リスクの見積りは、特定された危険性又は有害性によって生ずるおそれのある負傷又は疾病の重篤度と、発生可能性の度合の両者の組み合わせで行う。

手順 3　リスク低減のための優先度の設定・リスク低減措置の内容の検討

　　　　危険性又は有害性について、それぞれ見積られたリスクに基づいて優先度を設定し、リスク低減措置の内容を検討する。リスク低減措置は、基本的に次の優先順位で検討する（7.16.4 参照）。

　① 　設計や計画の段階における措置

　② 　工学的対策

　③ 　管理的対策

　④ 　個人用保護具の使用

手順 4　リスクの低減措置の実施

　　　　いつまでに改善するのか具体的な改善計画を作成してリスクの除去や低減措置を実施する。

7.16.4　リスクの低減措置の優先順位

　前項目に示したようにリスク低減措置は法令で定められた事項がある場合には、それを必ず実施することを前提とした上で、優先順位の高いものから実施する。具体的には次のとおりである。

① 　設計や計画の段階における措置 …… 危険な作業の廃止・変更、危険性や有害性の低い材料への代替、より安全な施工方法への変更等

② 　工学的対策 …… ガード、インターロック、安全装置、局所排気装置等

③ 　管理的対策 …… マニュアルの整備、立ち入り禁止措置、ばく露管理、教育訓練等

④ 　個人用保護具の使用 …… 上記①～③の措置を講じた場合においても、除去・低減